六角丛书

科学收藏
趣味录

艾杰 著

U0250127

武汉大学出版社

图书在版编目(CIP)数据

科学收藏趣味录/艾杰著. —武汉:武汉大学出版社,
2012.9
六角丛书
ISBN 978-7-307-08684-5

Ⅰ.科…　Ⅱ.艾…　Ⅲ.①仪表—普及读物　②仪器—普
及读物　Ⅳ.TH7-49

中国版本图书馆 CIP 数据核字(2012)第 208484 号

责任编辑:张福臣　　责任校对:王　建　　版式设计:韩闻锦

出版发行:**武汉大学出版社**　(430072　武昌　珞珈山)
　　　　　(电子邮件:cbs22@whu.edu.cn 网址:www.wdp.com.cn)
印刷:武汉中科兴业印务有限公司
开本:815×1000　1/32　印张:5.625　字数:97 千字　插页:1
版次:2012 年 9 月第 1 版　　2012 年 9 月第 1 次印刷
ISBN 978-7-307-08684-5/TH·21　　定价:11.00 元

东西方视野下的科学叙述

郭小东

在哲学意义上，世间的任何物事都是可以度量的。哪怕是虚无到了无形迹，哪怕是逼真到几可乱真，包括那隐藏在器物与器物之间的各种难以捉摸的关系，哲学都有理由将之形而上诠释，并赋予形而下的理由。即便是时间，没有源头也无缘终结，对之的度量通常亦须予以形胜或比照，在空间寻找对应的物质，使之在虚无中得以彰显。或以纪年，或以节气，或以沙漏，或以香烛，或以钟摆，把本于绵延的感知，以俗常的形式予以表达。而度量正是一种原则与尺度，人世间，宇宙间的一切，说到底，对之的文明表意正在于此。

这本书的主题正是度量。度量趋于哲学，而度量衡则倾向于器物，也即前者为观念形态，后者为科学理性。这本书倾向于后者的描述，对度量衡的历时叙述和共时形态，有非常精到的表述，精当的呈现，精致的写照与说明，可见作者不仅仅乐于收藏鉴赏，同时已进入一种贯通形势的科学研究，在器物的发明发生发展传承的序列上，予每个关节以透彻的辨析与辨正。说的是器物的源流，而蕴蓄其中的却有一种文化的玄机禅妙，言语犀利敏感，振聋发聩。书的开篇，即言及中外收藏家的殊异，说到面对"纳白尔算筹"这种早期的计算工具，应是度量衡中的极品珍品，"但是对大多数玩古董的中国玩家来说，他们不识货。一般中国文化人对科学的认识尚停止在技术的实用上，当然谈不到科学欣赏了，而这正是中西方收藏界更是文化上的一大分歧"。中国收藏之普遍崇尚经验与感性，自然是中国文化精神上风雅颂的一种刻意表达，无可厚非，但指出大众文化中，其科学与理性的匮乏，致社会文化结构的松散与迟滞，以及超稳定的形势，不说弊端，但为觉察，亦是极为重要的。

这本书对各个时代、各种器物发明进化的精致描写与辨析，既廓清道理又梳理门户脉络，同时对之的时代精神及人文意识也做了比较明晰详尽的铺陈，且始终在中西文化比较的背景上展开。哲学的图解与器物的演进相得益彰。如"宇宙模型"一节，提出一个科学哲学论说："任何事情一旦过于复杂，就一定出了问题，而且与数学的简单原则背道而驰。哥白尼正是这样看的。"然后以哥白尼及开普勒各自的理论互补与相对发展，完成哥白尼日心地动宇宙的数学模型为证。而与之相应的叙述，则是围绕乾隆年间出现在中国的"七政仪"（太阳系仪或行星仪），及以后陆续出现于北京古观象台的天球仪、紫金山天文台的光绪年间仿制南怀仁的天球仪展开。以往国人对天体学说，大多注目于哥白尼的西方叙述，而少有如本书这样对之作中西比较的延伸，尤其是对中国在天体学上的贡献，有一种清晰的历史概览。

所谓古董、仪器、科学三位一体，乃是收藏的多重含义多重价值所在。这本书很好地实现了这个目的。既注重从器物的流变上展开，而其叙述与辨正中，又有一种上文说到的玄机禅妙，也即哲学精神的张扬。

《五灯会元》：僧问：如何是敌国一着棋？师曰：下将来。问：一棒打破时空时如何？师曰：把将一片来。

说的是，僧问：对手下着的是怎样一着棋？令崇禅师答：把那一着棋下出来。僧又问：一棒子把虚空打破时怎样？令崇禅师答：把那打碎的拿一片来。意思是真如佛性，犹如虚空，无从把捉。

这种与科学实证相异的禅言妙语，是中国人哲学智慧的别样表达。它将形而下的具象上升抽离到意象和心境的虚幻层面进行诠释，其间是一种诙谐的机智。看似与具象相反相悖，而其精神却交相呼应。说的似风马牛不相及，悟的却是浑然一体无可挑剔。本书的叙述语言，也布局这种东方式肌理与智慧。如说到中国的香熏球和西方的卡当悬挂，以及常平架的中国记录，作者且引用了唐朝韦应物的

《长安道》："春雨依微春尚早，长安贵游爱芳草。
宝马横来下建章，香车却转避驰道。"香车宝马，
虚也实也。

　　是为序。

2012 年 9 月 5 日

Contents
目录

在时空中对话

国内一个大型拍卖会上曾拍出一套怪怪的东西，都是标有数字和圆圈的长条片，看起来就是两副象牙"骨牌"。参拍的人大多数认为这只是一种饮酒宴上的酒筹或者是一种古代赌博的用具，比起那些官窑的瓷瓶瓷尊瓷文房，那些和田玉翡翠器，甚至精工雕刻的同是象牙的工艺器，升值空间和文化意味远不可及，因此没人叫板。不过内中一位参拍者、长沙的国防科技大学卢天贶教授却情有独钟，在少人竞价的情形下竟一举获得。现在这骨牌成了他最珍爱的古董之一，藏在保险柜里，只玩不卖。它确实是少见的宝贝，名叫"纳白尔算筹"，是一种珍贵的早期计算工具。伟大的英国数学家纳白尔，在1617年公开了他的这项发明。而卢天贶拍得的这两副，更是中国清朝大数学家梅文鼎改进版的实物，这就尤为有价值了。这种算筹，在国际市场，如佳士得等拍卖行，都价格不菲，但是对大多数玩古董的中国玩家来说，他们不识货。一般中国文化人对科学的认识尚停止在技术的实用上，当然谈不到科学欣赏了，而这正是中西方收藏界更是文化上的一大分歧。

收藏是文化的保存和物化，博物馆是收藏的集中展示。可以说，收藏品反映了社会文化的面貌。如要再深入地比较，你就能发现，西方收藏品与博物馆中，科学自然史几乎占了半壁江山。而在中国收藏界，科学自然史的比重微乎其微。毋宁说是收藏品揭示了社会文化的结构。

当一个社会的大众文化普遍崇尚经验与感性时，它的收藏品必然是相对应的，比如在我们今天，形象石和玉文化、书法和写意山水画、瓷器的烧制质地和器型、竹木牙骨的雕琢，对这些狂热的迷恋和精益求精的讲究，就是这类文化特色的写照。相对而言，一个社会的大众文化推崇思想与理性时，科学的收藏如仪器、机器、工具、标本和设计图文等就会形成风尚。收藏品虽是小小的文化末节，却有大大的文化差异。

为什么我们会看到手持圆规和天平度量世界的上帝形象呢？为什么欧几里得《几何原本》会与《圣经》并列呢？本书拟以北京故宫博物院大多数从未公开展示的西洋仪器收藏谈起，介绍国际上科学仪器收藏及交易的常态，并结合作者自己的收藏体会，讲述仪器背后的科学发展史中的故事，大众化地解释其中蕴含的科学原理，更进一步表现西方文化中理性因素的决定性作用。如果读者能在阅读中与中国传统文化稍作比较，引起对异质文化经典成分的一丝兴趣，更包容性更全局性地了解和吸收精神营养，则本书也算起到了微薄的作用。

西方文化中的科学渊源

伦敦大英博物馆陈列着 1000 台时钟和 4500 块时表，这些代表性地反映了各时代科技水平的计时器大多数来自私人收藏家的捐赠，并非如我们通常想象的那样，祖辈传给子辈、孙辈，终于有一天被某一代后人卖掉换了钱。追踪这些收藏家的想法，可能的解释是，他们的兴趣并不仅仅停留在钟表本身，任何时候，钟表所体现出的科学发展史、人们孜孜不倦追求精密理性的努力、一代一代人不时闪烁出的智慧的火花，这些都比作为结果的钟表本身，更引发收藏者的关注。当他们完成了这样一个收藏并研究的过程后，他们已然满足了，那些物质就可以安然地捐献或遗赠给专业机构或者国家，让它们再激发起下一代有兴趣者的热情。

收藏总是文化的物化形式。钟表收藏是西方文化中最有代表性的一项，整个钟表的发展史相当程度上可说就是西方科学发展史。为何这样说呢？我们采用倒推法来证明。钟表是计时仪器，机械钟表的周期确定是与日历相吻合的。而历法的确立则是与天文测量和地理测量相吻合的，年月日自身就是天文现象。也即说，最早的计时工具，是测量天文地理的仪器。所以，在西方文化中，仪器收藏涵盖了钟表收藏。毕竟钟表只是测量仪器发展而来的计时工具，而测量仪器也只是科学仪器中的一大类，它的理论基础是数学的一大支——几何。通常认为古埃及和古希腊人产生并发展了西方的几何学。古巴比伦人和古印度人则产生并发展了数学的另一大支——代数。人们为了推算历法，计算财产，必然要学习算术，进而发展为代数。代数的发展最终导致了科学仪器的另一大类——计算工具的发展。

仪器的两大门类测量工具和计算工具，分别表现了量和数，也就是说，仪器的背后是数学的存在。这个事实在任何文明中都是客观存在的。但之所以仪器收藏在西方社会蔚然成风而在东方的中国则寂寥无闻，水火两重天的根本原因，正是数学在东西方文化中的地位不同，或者说，以数学为代表的理性文化在整个文化体系中的份额差异极大。

说到数学，我们都知道在西方有一部与《圣经》一样重要的书：欧几里得《几何原本》。西方文明追根溯源，一支来自古希腊的理性精神并经过阿拉伯世界的保存得以在文艺复兴时期大大发扬；一支来自基督教并经历中世纪经院哲学的发展与文艺复兴时期的改革。二源在启蒙主义时期融汇，结果是导致了工业革命。如果说《圣经》代表了一支源头，则《几何原本》代表了另一支源头。在后面的测量仪器介绍部分我们还要具体探讨这部融平面几何、立体几何、数论、比例等初等几何问题于一身的巨著，但就像耶稣基督只是耶和华上帝的代表一样，欧几里得也只是那个崇尚理性时代的数学集大成者。在他之前一个叫泰勒斯的人才是西方最早记载的数学家。泰勒斯比释迦牟尼大80岁，比孔子大90岁。最有意思的记载是说，此人本是个商人，渡过地中海到埃及做海外贸易，见到了金字塔后便立马测出了塔高。这令埃及王很惊异，因为埃及人当时凭直觉经验虽筑起了这些伟大的建筑，却并没有测量塔高的良法。原来泰勒斯在地上直立一杆，用塔影之长比杆影之长，相等于塔之高比杆之高。这其中三个数据都可测出，第四个未知数即塔高便求出来了。这是利用了相似三角形，后世的测高仪器中也用到这个原理，后面要讲到的。也有人认为，泰勒斯根本懒得去计算这个比例式，他等到直杆影长等于直杆高时，将此时的塔影长做上记号，这时的塔影长就是塔高。他利用了直角三角函数中的45度角时对边与邻边之比（即正切值）是1的原理。后来的测高术中常用到这一简便方法。

老年的泰勒斯对来向他请教的年轻的毕达哥拉斯说，你应当到埃及去留学。于是造就了西方数学的真正鼻祖。毕达哥拉斯不是单枪匹马，他颇有组织才能，搞了个地下结社的组织，相传他们学社的秘密暗号是自然数列1——100的求和公式。这个地下组织的所有成员都研究数学，功劳却归于掌门一人。他们的发明不少，比如毕氏自己迷恋数字间的关系，最早研究了数阵，把1、4（二行二列）、9（三行三列）、16（四行四列）、25（五行五列）……排下去，发现每一个平方数都等于它之前所有奇数的和，比如：4 = 1+3、9 = 1+3+5、16 = 1+3+5+7、25 = 1+3+5+7+9……今天我们称面积为"平方"，正是来源于毕达哥拉斯的正方数阵。我们在后面谈及伽利略证明重性即重力公式时就用到这个数阵。

他的另一个最闻名的定理就叫"毕达哥拉斯三角形"，我们中国人称为"勾股定理"。其实中国人与西方人都是独立发现了几何图形的这种数学关系，但欧几里得在他的《几何原本》中证明了这个定理。它更是在三角测量中成为基本定理。

西方近代宇宙模型也是直接源于毕达哥拉斯学社的正多面体研究。他们似乎发现了等边三角形、正方形、正五边形可以分别构成正四面体、正八面体、正二十面体、正六面体、正十二面体。据说，这个学社的成员喜帕萨斯对外透露了这个成果的一部分：一球可容12个正五边形，或者说一个正十二面体由12个正五边形构成。结果地下组织除奸队把喜帕萨斯抛海里溺毙了。另一说是，这个成员之死是因为公布了√2之谜。因为毕达哥拉斯学社成员，可能就是喜帕萨斯本人发现正方形边长为1时，根据毕达哥拉斯定理对角线会是$\sqrt{2}$，这个数1.41421356……不能用整数也不能用分数来表示，也就是不能成为两个整数的比。毕达哥拉斯认为与其理论不相容，就秘不示众。今天我们因此称它是无理数，著名的无理数还有自然对数 $e = 2.71828183……$和圆周率 $\pi = 3.14159265……$，都是经常用到的重要常数。

毕达哥拉斯学社是一个研究数学并与神秘的暗示相联系的"数诡"学派，而且在后期还不幸卷入政治冲突，有资料说毕氏本人是自杀而死，但也有说他成功逃脱后活到了百岁。反正他死后这个学社最终于公元前460年左右遭到灭门的大杀戮，仅二人存活。但是后来的柏拉图主义从毕达哥拉斯学社里承袭了很多思想，最终在文艺复兴时期被公认为西方理性主义文化的源头。从毕氏的数诡学说来看，西方数学与中国数学在古代都经历了大致相同的发展，中国就有颇相类的"易经"。难怪，研究中国科技史的大家李约瑟认为，中国的道家和易经是中国最有理性含量和科学潜质的学术思想流派。

在古代，中西方的以数学为标志的理性思维都经过了很好的发展时期。古希腊的柏拉图和亚里士多德把理性思维逻辑推理发扬到非常高的层面，直上升到哲学高度。他们认为数学就是自然宇宙的根本法则，世界即按照数学规律构成的。进而经过基督教的经院哲学的引用，这个说法就顺理成章地改变为：上帝依数学法则建造了世界万物。数学就是绝对真理。到了文艺复兴时期（1350—1700年）以及稍后的十八世纪启蒙主义时代，法国大哲学家和数学家笛卡尔和荷兰哲学家斯宾诺莎等人把此观念推向极致，形成所谓的"理性主义时代"。笛卡尔相信，他发明的平面坐标可以解决一切宇宙问题。那个时代，贵妇人的梳妆台上放置一本精装的笛卡尔著作是很不足为奇的，那是时尚，理性的时尚。与此同时，科学仪器常常被做得很奢华，成为贵族们业余观测自然和进行科学实验也摆谱炫耀的工具、玩具和陈设品。莎士比亚等文学家们也屡屡讴歌着新生事物——钟表。据说，欧洲贵族的做派之一——业余研究的风范，与这种理性主义关系很大。连著名的反理性主义者卢梭，也不能忘怀他对植物学的爱好，在最孤独的时候，他都在散步与研究植物中度过。

今天我们知道，理性主义是不能绝对和惟一的。因为数学只是人们用来解释世界的一种方式。数学与文学存在相近之处，即都是人们自由创造的东西，它可以虚构，并不在意是否与实际存在相符合。其实最早的时候，说数学是解释世界的方式都是高抬它了，很多数学家仅是受兴趣驱使。而且数学定理只能说是相对真理，可以解决一定范畴内的问题。最著名的例子，就是宇宙数学模型的发展三阶段，它非常符合哲学上否定之否定的规律。传统航海测量需要用各种仪器测定某些恒星或太阳月亮与地球的位置关系，并参考星球仪在海图上标示出来。这种测量是基于古希腊托勒密宇宙数学模型。水手们观察的天体轨道也只是相对的视运动，说白了，就是地球为宇宙中心，太阳与星星们都绕着它转。你要较真，那些测量都不是真理，今天的小孩也知道，地球是绕着太阳转的，太阳系也只是一个小小的星系而已，因为我们早已用牛顿的宇宙数学模型在解释这些现象。但我还要较真，这样的解释也不是真理，爱因斯坦的宇宙数学模型已经证实并非是地球绕着太阳转，实际上是宇宙本身是弯曲的才导致星球的运动，弯曲度与星体的质量相关，因为太阳质量远大于地球，看起来地球才绕着太阳转。这样一来，困扰牛顿的引力来源问题，重量与质量的恒定比值问题，物体运动轨迹问题，统统有了全新的解释。我们在后面的文中将论述望远镜对于牛顿宇宙的证明以及另一个光学仪器迈克尔孙干涉仪对爱因斯坦宇宙的启发。但爱氏宇宙也不是终极，现在数学上已经有像弦理论、膜理论那样的理论在探索成为明天物理空间的标准模型，并有实验在力图证明可能会有超过光速的粒子如中微子存在，这将从根本上颠覆爱因斯坦宇宙模型。可是，话说回来，对于生活在地球上的人来说，也许用牛顿的理论来解释宇宙就足够了。而对于航海的水手来说，在托勒密的宇宙框架内进行天体测量就足够了，而且它更直观更方便。能用的知识就是真理，都是相对真理，迄今为止我们还没找到绝对真理，很可能那是不存在的。

哥白尼宇宙

渐渐地，数学在西方被自觉地用来解释力学、光学和天文学现象，与科学的结合就产生了应用数学，纯思辨的天才思想和严密的逻辑推理也在实际中检验了它的正确与否。今天我们说，看一门学科是否更科学，就看它的数学化程度。而且，数学从自然科学范畴的应用进而向经济学、社会学、政治学渗透。斯宾诺莎的《伦理学》就是仿欧几里得《几何原本》的体系，展开从前提到结论的论证，讲究逻辑的严密性。在西方文化中，理性文化占有举足轻重的地位。作为这种文化的物化形式，科学仪器的收藏和研究，自然就成为科学史技术史关注的所在，当然就为西方人热衷了，文化传统使之然。

何况地理大发现时代，科学仪器对西方殖民者、探险家和科学家而言，是须臾不可离的物件。德国人亚历山大·冯·洪堡（Alexander von Humboldt，1769–1859），是世界著名的自然科学家和探险家，近代自然地理学的奠基者。洪堡认为科学对物质世界的认识应是对多样性的解释，自然的统一意味着是所有自然学科的相互关系，比如为了弄清楚某种植物的生长，就要联合地质学、生物学和气象学多学科，通过收集各种数据，阐明这些关系，为后来者建立一种研究的基础。所以他主张全面观察自然，每次旅行前，他都要配备最精密的系列科学仪器，每一只都是那个时代最精确和袖珍的，而且都放在天鹅绒内衬的盒子里。他的每一次测量和数据收集，都是用这些最好最现代的仪器，和最新最实用的技术。这种定量的方法，后来被称为"洪堡科学模式（HumbolDtian science）"。

英国维多利亚女王时代，科学探险家和博物学家们，都是按照洪堡模式随身带着田野工作用的望

1871年威尔逊画作中的探险家斯皮克

远镜、气压计等测量仪器，测量、收集数据和绘图。英国十九世纪著名的非洲探险家约翰·汉宁·斯皮克（John Hanning Speke）是发现了维多利亚湖和坦噶尼喀湖，并最早发现尼罗河源头在维多利亚湖的人，在英国伦敦皇家地理学会保存的J. W. Wilson作于1871年的斯皮克的著名画像上，能看到他手里拿着的银壳怀表和带支架的黄铜六分仪，从他的拿表手势上，很可能是那种厚厚的芝麻链表。十九世纪二十世纪之交活跃于中国东北与西藏的英国军官和探险家荣赫鹏（Francis Younglehusband）喜欢故意在当地的中国土著居民面前炫耀他的科学仪器，以给这些淳朴的人很深刻的印象。相反，也是英国的博物探险家托马斯·库帕（Thomas Cooper），在西藏旅行探险考察时，就被一名好心的中国通告之，不要让人看到那些稀奇古怪的科学仪器，以免引发中国人怀疑。同时代更有名的瑞典探险家斯文·赫定（Sven Hedin）是中国西域探险与开发测绘的关键人物，还无意中发现了罗布泊楼兰古城，在他的《亚洲腹地旅行记》中谈到他化装成香客潜入西藏拉萨，也是为了防止当地人的猜疑，把空盒气压表、怀表、罗盘、地图等藏在他蒙古袍的暗袋中，又在左靴里藏着温度计。

在中国，近代地质学开山人物丁文江，就是一个典型的洪堡模式的科学家，他严格按照西方理性主义的科学行事准则，因此也被称为中国最西化最科学化人物。当他从英国格拉斯哥大学毕业返回中国时，他选择从越南登陆，经云南贵州考察中国西南。这时他就用自备的指北针测方向，用气压表测高度。1913 年中国成立地质调查所，丁任所长。他要求地质学者都要随身带着地质锤、附倾斜仪的地质罗盘，用记步表记录距离，将这些数据绘在平面图和剖面图上。还要携带气压表定登山的高度。登山必须及顶，在顶上用望远镜观察四周环境。他要求地质人员都要学会使用平板仪测绘地图。

《旧约圣经·以赛亚书》说："谁曾用手心量海水，用手虎口量苍天，用升斗盛大地的尘土，用秤称山岭，用天平平冈陵呢？"中世纪插图本圣经中，造物主上帝有时被描绘成手持圆规或天平创造世界的样子。英国浪漫主义大画家布莱克有一幅名画常常被引用，但也常常被误用。那是一个白色须发飘拂的状如上帝的人在混沌中手持圆规，正在丈量形成中的宇宙。很多人就当是上帝。但布莱克作为浪漫主义运动的信徒，他必定遵循该主义反理性的宗旨。其实这个名叫 URIZEN 的形象，是布莱克自己杜撰的，有人说可能是 your reason（你的理性）的谐音，他表现的是一种对理性控制宇宙的不满。

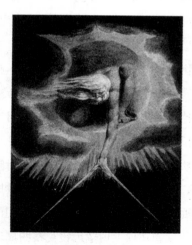

布莱克的理性老人

相比而言，中国春秋战国的"百家争鸣"黄

金时期，在秦朝被一统天下，再也没有延续下来。秦朝是法家专行，焚书坑儒，禁绝其他学说传播。到汉朝以后又独倡儒学，专重伦理，缺乏一个像西方文艺复兴那样的时间段。而文艺复兴时期正是西方贸易、艺术、科学、政治、印刷与出版、航海与地理大发现全面振兴的时代，可说是继古希腊后又一个黄金时代。其中的核心乃是科学和建于其上的理性主义哲学观。这样的文化比较是一个很有趣同时很深刻的问题，它不是这本小册子所能容纳的，也不是某个人力所能逮的。但通过中西方对于科学收藏的不同态度这样一个小窗口，却能看到这种深刻内涵的某些重要表现。

科学收藏西风东渐

科学收藏在欧美国家是博物馆大宗。我们开头谈到大英博物馆的钟表收藏首屈一指，且不谈这样的综合性博物馆，那些以科学甚至某一专科门类命名的博物馆也比比皆是。就举近代科学中心的伦敦为例，它有一个科学博物馆，藏品达 20 万件，既有前沿的最新成果，也有历史的发展回顾。这个博物馆的建成还要归功于 1851 年伦敦第一届世界博览会，也就是著名的"水晶宫"万国博览会。会后很多展品被保留下来，最后分成两个专门的馆来保存，装饰艺术、工艺品和日用品都放到新成立的维多利亚与艾伯特皇家博物馆展出，而科技产品和仪器则搬到科学博物馆展出。挨着它，还有一个伦敦自然博物馆。伦敦还有著名的老格林尼治天文台，其中最经典和伟大的藏品就是后面要专文讲述的哈里森航海时计系列——"哈里森一至四号"。而"哈里森五号"航海表则存放在伦敦市政厅的钟表家博物馆内。天文台附近的国家海事博物馆，以收藏更多航海仪器著称。英国是个航海大国，航海需要用到的天文、水文、大地、气象和时间测量仪器，以及绘制海图地图所需的绘图工具都有相应的展出。

伦敦附近有两个世界一流的大学城剑桥和牛津，也各有其科学史博物馆。以科学史命名，表明它们的展品更着重从科学发展进程的角度布置。剑桥的叫惠普尔科学史博物馆。惠普尔就是该馆的创始人，曾是一家科学仪器商老板，也收藏科学仪器。牛津科学史博物馆在它那1683年建成的老建筑里收藏有琳琅满目的航海天文仪器、早期数学工具、光学仪器、医学仪器。

光一个英国伦敦就有这样多的与科学相关的博物馆，其实在欧美，科学博物馆司空见惯，如巴黎工艺美术馆其实是一个主要收藏科学仪器和工业发明的博物馆，著名的佛科摆以及最早的银版照相术、帕斯卡的计算机都保存在这里。还有慕尼黑科技博物馆、日内瓦科学史博物馆、维也纳球仪博物馆等。米兰还有个达·芬奇科学博物馆，展出了

剑桥大学惠普尔科学史博物馆大厅

7000 件达·芬奇科技发明手稿设计图和后人按图制出的模型与实物。达·芬奇是个纸上谈兵的大师，不过他设计的很多奇技淫巧，真是极有创造性。

进入现代，欧美网站上的科学品及仿品的交易也不少，比如有个叫 Pilot Balloon Theodolites 的网站，专门收藏和交易测风经纬仪。而 Pocket Sundial 则以航海日晷星晷兼顾星盘、罗盘、沙漏等航海老仪器的收藏和交易。Antique Sextant 是一个六分仪的收藏网站。而 Stanley London 则以老牌英国仪器商 Stanley 为名生产和交易古董航海仪器的仿制礼品。还有个"Compassmuseum"的网站交易和介绍各种各样的罗盘，历史、性能非常详尽。到佳士得这样的著名拍卖公司网站，也有专门的仪器目录。

我也是个科学仪器收藏爱好者，有一次收到一只巴黎 Secretan 公司生产的老式经纬仪，还真在网络上找到了这家仪器商，是个老牌公司了，最古老式的地平经纬仪、测量罗盘仪都有，而且各年代各款式的老式仪器的介绍图文并茂，连当年的售价都有。另一次我收到一只伦敦 T. Wheeler 科学仪器公司生产的老式无液气压海拔表，也是上网进入了有关生产商的网站。很多古老的仪器商都有目录备案，可追溯到生产发展的沿革，细化到公司兼并分合在产品商标和署名上的变化，这事后面我要讲到具体的事例。国际上的科学收藏的协会也不少，其中很多就是科学仪器的专门组织，而且都建有自己的网站,如 Scientific Instrument Society, The Oughtred Society(计算尺收藏),The International Society of Scale Collectors(天平收藏),National Stereoscope Association(体视显微镜收藏),The Antique Telescope Society(单筒望远镜收藏)等等。钟表、自来水笔、打字机一类更日用化的科学品收藏就更多了。

毕竟科学来自西方,科学品收藏并不是中国收藏文化中固有的项目,基本上只有一些地质博物馆和少数几个天文台有相应的收藏展出,而且收藏品也挂一漏万不成系列。比如地质博物馆重视的多是矿石标本甚至只是以珠宝玉石为主,而对地质学发展史、地质仪器的收藏与介绍则寥寥无几,充其量不过扮演了一个地质标本陈列馆的角色。

不过在北京故宫博物院,有一个颇成体系的古董科学仪器收藏,总量达二千多件,这在中国可谓是蔚为大观,且基本上是明朝后期至清朝末年的西式仪器。这些东西都是历代来华的洋人、地方官商向皇宫进献的礼品和贡品,也有皇宫专门采购和仿制的。清朝前期广州一口通商,皇宫就通过商人从所谓"十三行"进口西洋仪器包括钟表。后来在皇宫内专门有了皇家工厂"造办处",模仿外国货自己生产。在华传教士和他们的中国学生当年也自己生产了一些。地方上并没有专门的生产商。只是后期在广州、南京和苏州有了一些民间钟表生产作坊。这些收藏基本上没有流失，但也基本上没有公开展示。如今到故宫参观，能看到的只是其中一些钟表，因为故宫设有钟表馆；其中也包括少数的天球仪、地球仪、太阳系仪（即七政仪）和日晷。故宫博物院曾专门出版一本《清宫西洋仪器》，是"文物珍品大系丛书"中的一本。仅从其中撷取了近250件介绍，但就这样也可见一斑，并叹为观止。

中国人最早拥有的西洋仪器，大概是1580年意大利天主教耶稣会传教士罗明坚从澳门赴广东肇庆参加一年两次的集市时趁机送给当地总兵黄应甲的一块表。罗明坚不久又向总督赠送了水晶镜子，可能就是后来经常迷惑中国人以为是西洋宝石的三棱镜。后来罗明坚与另一个传教士巴范济又到肇庆送给总督钟表和威尼斯三角玻璃——三棱镜。但真正开始形成以科学品当礼物向中国官员和学者赠送的习惯，是从意大利耶稣会传教士利玛窦始为滥觞的。他从1583年到肇庆居住，就以此为吸引中国人注意并赢得其好感以利传教的手段。他不仅搜罗了很多科学品，还自己制造并教给其中国学生们。其他传教士们见行之有效，无一不照此施行。那时的科学品包括世界地图、星图、天球仪、地球仪、浑仪、罗盘、星盘即简平仪、日晷、星晷即夜间测时仪、沙漏、三棱镜、象限仪、纪限仪（六分仪的前身）、八音盒、键盘乐器（古翼琴和风琴），当然还有各种钟表，后来又有望远镜，因为罗明坚和利玛窦到中国居住的前期，望远镜在欧洲还未发明出来呢。

明朝万历皇帝特别喜欢三棱镜、世界地图和钟表，这些东西都是他须臾不离身边的，为此还专门安排四名太监跟着利玛窦学习钟表保养与使用法，又安排四名太监跟着庞迪我神父学习古翼琴的演奏。进入清朝，皇帝们无一例外地都喜欢这些西洋精巧玩意，1644年清人刚入关，顺治皇帝和摄政王多尔衮就收到了德国传教士汤若望进呈的红木小几银镀金新法地平日晷。它不是用中国传统的一日分百刻，而是24小时96刻制，就像今天的钟表一样了。现存故宫中公认最早的一件科学仪器，也可能是汤若望带入明宫的，这是一件标示制造年代为1541年的科隆生产的铜制日月星晷，带入中国时就是个古董了。康熙皇帝不仅热爱西洋仪器，还热衷于学习西方数学和科学，他有很多专用的仪器，上面标有"康熙御制"。关于他学习用仪器测量计算的故事后面还有介绍，现在故宫有一个他专用的楠木镶银刻度板的数学图表炕桌，上面有比例、面积、体积、长度、开平方、开立方的图表。抽屉还有绘图用具。到了乾隆皇帝时期，钟表则大受欢迎。皇帝喜爱各种稀奇古怪、奢侈精巧的钟表包括晷仪，一时宫中钟表日晷数量大增。钟表也成为故宫科学品收藏中数量最多的一类。瑞士、德国、英国都形成了专门针对中国市场的专业产地和厂家。英国威廉逊公司于18世纪专为清廷赠送了一架高二米三的铜镀金楼阁式钟，叫写字人钟。我们可在钟表馆中欣赏到这件奇异的展品。钟的中央是个半跪洋人，上弦后他能用手中的毛笔在纸上写上"八方向化，九土来王"的汉字，书法还相当好，而且其头能随字的走向摆动。钟的上一层有一个敲钟人，再上一层则有两个旋转的舞蹈者，转着转着就拉出了一幅"万寿无疆"的横幅来，你说皇帝怎能不爱。不过，这种以奢华和猎奇为追求的钟表，已与科学的本意渐行渐远了，它更像是奢侈品和高档成人玩具，有些则成为皇朝礼器，摆放在殿中台上。有一次外国人进献了一台车床（估计是一种加工钟表仪器的小型母机），太监呈报乾隆爷，他说，把上面的铜铁活计都擦亮，着收拾好，待喜庆时日摆上来。你看，车床也不给工匠用，自己留作陈设品了。

《清宫西洋仪器》一书中，按计算数学类、度量数学类、天文测量类（天球仪、七政仪、浑仪、简平仪、晷仪）、测地类（地球仪、象限仪和三角仪、半圆仪和圆仪、平板仪、罗盘、绘图工具、望远镜）、钟表、医学工具类分别介绍了其中的代表品种。进入现代后，这些仪器已逐步进化演变，比如纪限仪，一方面发展为六分仪，用于航海天文测量；同时在地理测量中则发展出地平经纬仪和水准

故宫铜镀金写字人钟局部

故宫套装绘图仪器

仪。象限仪过去主要用来测时和测星体角度，后来也由六分仪和精密航海时计分割了功能。至于各种气象仪器，在这本书中并未罗列，不知是本来就没有收藏还是未予关注，它们在西方现代化文明中都起着相当重要的作用，涉及很多科学与数学大的进程，凝聚着不少大师级人物的成果。还有衡重的仪器天平，在化学数量化的进程中起了不小的作用，可以说是化学革命的功臣。同理，显微镜在生物革命和地质学、材料学等领域都有卓越建树，上述书中也只忝列了一具美国的斯宾塞生物显微镜，远远不够它在科学文化发展中应占的比重。

当然，从仪器本身而言，它本不止这点内容，但为何这本书止于机械与光学时代呢？本质上是因为西方理性文明，正是在产生和普及这一级别仪器的时代基本构筑出了它的"脚手架"，而当一个电子与生化，尤其是微电子与高分子时代到来时，西方理性文明已经成为"全球化"现代文明的范畴，大家正沐浴其间，随时随地都能察觉它的存在，不容我也不需我再在这里唠叨了。另一方面，我们毕竟是在收藏古董，纵使是科学的古董，也不能没有历史的沧桑，当你抚摸着那些层层包浆下天然材料如黄铜、钢铁、象牙、木头、玻璃和橡胶，以及早期的化合物酚醛树脂、有机玻璃和赛璐珞所精密组合出的奇技淫巧时，一种异样的文化和理性精神会注入你油然而生的情感中，令你确信，尽管在自然面前仍然渺小，人类却是最伟大的生物体！

电子时代前的定格

比例规和计算尺

任何发明要是说到它的来历，总要从最简单的开始，计算工具确乎是从算盘开始的。而算盘的发明，推想是从手指算术和沙地上卵石计算发展来的。在地平上划出不同格，以石摆放和移动其间。古罗马时，有一种金属算盘，自左至右纵列八槽，各分为上下二排。将一些珠子放槽内移动，前七槽代表十进位制整数。上一排的短槽仅一颗珠子，表示的数五倍于下排长槽内四珠的每颗珠子数。但第八槽却代表十二进位制的分数槽，下排五珠每珠表示十二分之一，上槽一珠表示十二分之六。最右另加一槽更分为三截，上珠代表二十四分之一，中珠代表四十八分之一，下二珠各代表七十二分之一。过去我们的文化史老是说算盘是中国人的发明，其实古罗马时代西方就有成形的算盘了，而且有分数表示法。很多东西方文化各自独立衍生的发明，被极端民族主义者拿来说事甚至编入教材，极易造成一代人的偏执。

伽利略军事比例规

文艺复兴时代伟大的科学家伽利略是望远镜的发明人之一，也是牛顿宇宙模型建立前期最关键人物之一，他的比萨斜塔上的落体实验人所共知，他还是计算工具"伽利略军事比例规"（proportional gauge）的发明人。至今在故宫博物院的收藏中有很多刻着拉丁文的伽利略比例规，样子很像圆规，不过两脚是两根有很多刻度的直尺。17世纪30年代即明朝崇祯年间，意大利传教士罗雅谷将1597年才面世的这种新仪器传入中国并写了专文讲述用法。叫它比例规，是因为它应用比例相似性的原理设计。在欧几里得的《几何原本》中，有两大卷是专讲比例问题的，后来很多数学家探讨过这问题，总的说来，比是两个数或量间的相似关系，而比例是两个比的相似关系。据说它能计算长度、面积、体积、商业上的复利和汇率，能在弹道预测中求出平方根和炮弹装药量，威尼斯船厂还用它设计比例模型的大样。从清宫中的存品来看，确实这种仪器很实用，除计算外还有金属比重、对角线尺等。伽利略于是办了个作坊，雇佣了一个很有水平的工匠。他自己落得清闲，来了个包工包料，只出图纸，但提取三分之一的销售价。然后再向使用者教授使用法，每个学生的收费四倍于产品销售价。后来又写了本专著献给当时佛罗伦萨美第奇家族的少爷科西莫。正是这个科西莫大公，后来因成为伽利略，也是很多意大利科学与艺术的倾力赞助人而名垂千古。

今天的理工科出身的中老年人都记得计算尺（slide rule），计算尺是数学上的对数出现后的一项成果利用。在故宫博物院的存品中，还有早期的甘特对数尺，象牙尺身上刻有正弦与正切的假数即对数。那时的很多尺矩常以象牙为料，令今天的收藏者都垂涎不止呀。对数的出现很伟大，数学史上认为印度记数法即所谓的阿拉伯数字、十进位分数即小数、对数，是近世三大发明。对数的作用在于化乘除为加减，以及三角函数运算。这其中一个关键人物是本文开篇就提到了的发明了"算筹"的英国数学家纳白尔（John Napier），此人以学习数学为消遣，其实很多科学家那时没有明显的功利目的，没人给钱也没人给项目，也不时兴评职称。纳白尔研究数学的目的是为了使当时复杂的球面三角计算简单化和系统化。同时代的英国数学家布里格斯由此发展出今天的常用对数，而也是英国的数学家斯佩德尔又发展出今天的自然对数。

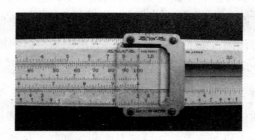

滑动计算尺上的 3 乘 8

布里格斯的同事甘特（Edmund Gunter）就在 1620 年由对数原理发明了对数计算尺，不过他的计算尺没有滑动尺部分，而后来通用的带滑动尺的形式则是 1621 年由英国的奥特雷德（William Oughtred）发明的，过去用甘特尺时还要用圆规来量刻度，而奥特雷德则把两把甘特尺加上一个滑动尺轻松地对位。而后由法国炮兵中尉 Amédée Mannheim 又加上了一个辅助对位的带法线的滑标，这就是后世的成型的标准尺了。我们看计算尺上完全一样的 C 尺与 D 尺，这是它的一对基本尺，它们的刻度都不均匀，标示 1、2、3、…是常用对数的真数值，不过它们的间隔或者说刻度的划分，却是按这些真数的相应的常用对数值，所以不均匀。

当我们把 C 尺和 D 尺相对滑动使刻度标示相加，实质上是二数的常用对数相加，根据对数的性质，两个同底对数相加等于各自真数的积的对数，在计算尺上的标示就是真数的积。也就是说，计算尺把两数相乘，变成了各自的常用对数相加。

Fowler 圆形计算尺

惟有瑞士人伯尔吉与纳白尔几乎同时也研究出对数。这个伯尔吉非同一般，他先后是大天文学家第谷和开普勒的助手，还在钟表发明史上享誉非凡。有意思的是，这几个人都是 17 世纪初明朝后期的人，而计算尺传入中国，大约都在十八世纪初。计算尺因为小，所以与早先大型的计算机并行不悖地运用一直到 20 世纪 70 年代电子计算器出现。其中日本的 Sun Hammi 竹制计算尺在中国较多进口。不过除了直尺，各种圆形怀表计算尺（circular rule）和圆柱形计算尺（cylindrical calculator）在欧洲则很普及，如 Charpentier（夏庞蒂埃），Keuffel&Esser，Fowler，Sperry 都是名品。

Fuller 和 Thacher 圆柱计算尺

计算尺的精度有赖于其上的对数线的长短，为了延长对数线，将线排成很长的螺线，如放在平面就是圆形尺，如更向立体发展，就是圆柱形计算尺了。第一个发明圆柱计算尺的乔治·富勒（George Fuller），他的尺的对数螺线长 1270 厘米；埃德温·撒切尔（Edwin Thacher）发明的圆柱计算尺，对数螺线更长达 1800 厘米；而由英国人奥蒂斯·金（Otis King）发明的小型圆柱计算尺，对数螺线也长

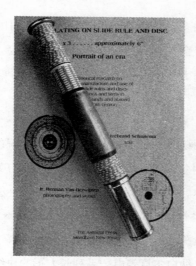

Otis King 圆柱计算尺

近 168 厘米。相比之下，常用的长型滑动计算尺，对数线长一般在 25 厘米以下。因此仅奥蒂斯·金的小圆柱尺也比标准的长形滑尺要精确一位数。

20 世纪 70 年代以前，工程师与理工科学生们在上衣里插一把精致的计算尺，是时尚的象征，就如今天的平板电脑或小笔记本电脑。但是袖珍电子计算器的出现，一夜间让计算尺走向没落。本来计算尺就能让不会查对数表的人也能快速计算，而现在，电子计算器令完全不懂数学的人也能计算了。不过，一件东西的使用价值在失落时也就是它的收藏价值在兴起之时。20 世纪 80 年代初在欧洲最早有了收藏计算尺的人并形成圈子，此后在欧洲与美国渐趋增多，1995年荷兰举行了第一届国际计算尺收藏年会，次年在英国举行了第二届会，然后是德国、瑞士都接连举办。

数学麻将

前面谈到了长沙国防科技大学卢天贶教授拍得的"纳白尔算筹"，它是最早发明对数的英国数学家纳白尔，在1617年公开的发明。纳白尔算筹又称纳白尔骨牌（Napier's rods, Napier's bones），它是用骨头甚至于象牙制成，故宫里就有这样的象牙算筹。纳白尔算筹由一系列长方形的块组成，很像中国人喜欢的麻将，从一到九共九列，每一列有十个筹，如图所示每列都是一个等差数列：第一列的公差是一，第二列是二，第三列是三……第九列是九。在每个方形筹上划有一对角线，使十位数与

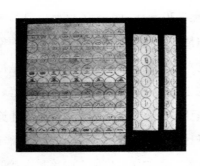

个位数分开。它的计算原则是简化，将乘法变成加法，除法变为减法。举一个进位的乘法 249 × 9

为例：

如图，第一列恒不变，将第二列即以二开头的那列作为第二列，四开头的那列作为第三列，九开头的那列作为第四列，也即说，参与运算的列是由被乘数 249 所定。

(左图)纳白尔算筹排列　　(右图)249×9演算示例

乘数是九，就在各列之第九行内运算。

在第九行从右向左，和我们用竖式做加法的顺序一样。如图，最右边的数字是 81 的个位数 1，写下来。

再向左，是同一对角线内分属两个列的 6 和 8，加起来。和是 14，写下个位数 4，记下十位数进一。

再向左，是同一对角线内分属两个列的 8 和 3，加起来，并加上先前右边进位的 1，和是 12，写下个位数 2，记下十位数进一。

再向左，是第二列对角线左侧之 1，加上先前右边进位的 1，和是 2，写下来。

看全部写下来的数：2241，这就是 249×9 的总和。这样，一个乘法就用加法解决了。其实这种方法是源于很古老的阿拉伯人和印度人用过的棋盘法，文艺复兴时代意大利有名的数学家帕西奥里在他的乘法方式介绍中有一种叫"格子法"的，发展了古老的棋盘法。而我们今天手写的乘法竖式，则是帕西奥里介绍的另一法"垒果法"。

将这每列方形筹码改作有转轴的圆柱滚筒，像今天的数码锁一样，通过钥匙转动转轴，圆柱体转动在机盒的十个窗口上各显示不同的数字。也就把一个散装的骨牌变成了一个成型的机器了。这可是清宫中传教士们和中国工匠们的创造，至今故宫里尚有四台纳白尔筹式计算机。其实早在 1623 年，公认的计算机发明人帕斯卡的出生年，德国数学家威廉·施卡德（W. Schickard）曾造了一个算术机，不幸的是在五个月后毁于火灾。这种机器据他自己给天文学家开普勒的信中描摹，也是一种纳白尔算筹的改进，他把算筹做成圆柱体，按乘法表排列数字，底部有数字轮，与清宫传教士们设计的算筹计算器很类似。直到 1960 年，他家乡的人才根据示意图重新制作出施卡德算术机，1993 年 5 月，德国为他诞辰 400 周年举办展览会，纪念这位被埋没的计算机先驱。

加法机和乘法机

　　计算机的原理与计算尺是不同的，它是一种齿轮式的机械。真正成型的最早的计算机，在今天的中国，居然还能看到，那就是故宫里六台老式计算机。都是中国清宫造办处自己生产的计算机，现在都修复完好，它们的年代与世界计算机初创年代差不多。在法国巴黎凡尔赛宫 2003 年曾举办了"康熙大帝展"，展品中就有这些计算机。康熙二十七年（1688 年），白晋、张诚等六位法国传教士在乾清宫受到康熙帝的召见，他们献上了从法国带来的

30 件科技仪器和书籍作见面礼。这些非同寻常的礼品，令康熙帝龙颜大悦，当即决定让他们入宫担任自己的科学顾问。此时，帕斯卡计算机才在法国诞生不过四十来年，这批有科学知识的法国传教士亲自见过帕斯卡计算机，来我国后与我国数学家共同研制，仿照帕斯卡计算机原理制造而成了这六台盘式计算机。

第一台公认的真正的计算机是法国大科学家布莱士·帕斯卡 1642 年发明的加法机（pascaline）。压强单位叫 Pa（帕），就是纪念帕斯卡在流体力学上的贡献。计算机通用高级程序设计语言 Pascal，也是为了纪念帕斯卡。帕斯卡短短 39 年的生涯，发明却不少，他研究赌博概率，搞出了帕斯卡三角形，中国人叫杨辉三角形，这是中西方文化独自创造的又一例子。他 16 岁时发现了射影几何定理。

　　少年时代的帕斯卡为了帮助税务官父亲计算税率，19 岁那年发明了这种计算机。它由一系列齿轮组成，像一个长方盒子，用钥匙旋紧发条转动，只能够做加法和减法。但他解决了进位难题。当定位齿轮朝 9 转动时，像小爪子式的棘爪便逐渐升高；一旦齿轮转到 0，棘爪就"咔嚓"一声跌落下来，推动十位数的齿轮前进一挡。低位的齿轮每转动 10 圈，高位上的齿轮自然转动 1 圈。一组水平齿轮和一组垂直齿轮相互啮合转动，组成了一台计算机。但做乘法时必须用连加的方法，做除法时也只能用连减的方法。1649 年他获得专利权，当他的计算机在卢森堡宫展出时，成千上万的人被吸引住了。他也许一共制造了二十台（一说是五十台）这种机器，现在保留下来的尚有 6 台，其中 5 台在巴黎工艺美术博物馆内，一台保存在德国德累斯顿。这些用黄铜制成的机器是科学史上难得的珍

作者在卢天贶收藏的托马斯算术机旁

品。因独立发明微积分而与牛顿争吵不休的德国数学家莱布尼茨曾说过："让一些杰出的人才像奴隶般地把时间浪费在计算上是不值得的。"因此，在帕斯卡逝世后不久，他把帕斯卡机器的功能扩大，在 1674 年造出一台更完善的乘法机。机器内增添了一种名叫"步进轮"（stepped drum）的装置。步进轮是一个有 9 个齿的长圆柱体，旁边另有个小齿轮可以沿着轴向移动，逐次与步进轮啮合。每当小齿轮转动一圈，步进轮可根据它与小齿轮啮合的齿数，分别转动 1/10、2/10圈……直到 9/10 圈，这样一来，它就能够连续重复地做加减法，在转动手柄的过程中，使这种重复加减转变为乘除运算。为简化多位数乘除，又设计出一种梯形轴的滑架移位机构。这两个设计即为今后手摇计算机长期使用。他的计算机只生产了两台,有幸留下了一台。

说起莱布尼茨,顺便要谈及他的二进制。二进制是今天计算机语言的基础,莱布尼茨是二进制的发现者,但他向巴黎皇家科学院提交论文时,被要求证明这个记数体系的实用性。正好此时在中国传教的法国人白晋给莱布尼茨寄来了关于易经研究的信件。作为康熙帝的科学老师之一,白晋有机会详细研究了中国的易经,他认为八卦才是中国文化与自然哲学的根,而八卦是从阴与阳两个符号生发出来的。莱布尼茨从与白晋的一系列信件交往中了解到《周易》八卦系统,他大为高兴地发现"阴"与"阳"与二进制中的0与1相等同,二进制的实用性竟然得自古老的中国。他说"二进制乃是具有世界普遍性的、最完美的逻辑语言",于是再次向科学院提交了其二进制实用性的论文。

法国人托马斯在1820年基于莱布尼茨计算机开发了算术机(Arithmometer),一直畅销到二十世纪初。1870年代,美国人鲍德温和瑞典人奥涅尔分别发明齿数可变的嵌齿轮(pinwheel)改良了莱布尼茨的很大的鼓状步进轮和阶梯形轴,计算机第一次小型化。作为主轮的嵌齿轮上有空间可插入九个可移动的针,没有中间齿轮,数字直接刻在齿数可变齿轮上,置好的数在外壳窗口中显示出来。德国一个缝纫机公司布龙斯维加公司于1892年获取了奥涅尔的计算机专利生产权，产品就以公司地名 Braunschweig 命名。直到 1960 年代末，近八十年中它生产了 50 万台计算机。另一个发明人鲍德温后来转而设计门罗式键盘手摇计算机（Monroe keyboard）。手摇计算机一般能做加、减、乘、除四则运算及乘除混合运算，如结合算筹还能进行平方数、立方数、开平方、开立方运算。

布龙斯维加计算机 20 世纪初叶进口日本 50 台。1923 年，日本人大本寅治郎（英文名 Omoto Torajiro）开始经销一种日本改进型机，取名 Tora 牌，源于他名字中"寅"的英文译音。Tora 竟被人误读成了英文的 Tiger（虎），生产商索性将错就错改成"虎牌"，并用虎头作了商标。一直到 20 世纪 60 年代末，它累积卖出 50 万台，在新中国成立前中国市场是主流产品。现在它的早期样品被保存在东京的国家科学博物馆。日本人很以虎牌机自豪，正在我为我收藏的虎牌机到处找寻使用说明时，意外地在一本日本人畑村洋太郎写的《我的第一本数学书》的附录中发现了除法例子。

手摇计算机曾代表了当时一个国家机械制造业的最高水平，其精密的构造与灵巧的原理至今令人惊叹。我国自制的手摇计算机最早出现在 20 世纪 40 年代末，后来配上了马达，成为电动计算机。直到 20 世纪 80 年代中晚期才被电子计算机取代。1958 年的一天，邓稼先从几所名牌大学里调来的

老虎计算机

20 多个应届毕业生，开始了中国原子弹的攻坚战。当时的计算机是一台电动计算机、四台手摇按键式机，要是算个开方，还要查巴罗表（BARLOW'S MARK，即 1–12500 各数的平方、立方、平方根和倒数表）。一个月才能算出一个结果。不得不三班倒，上机轮空的，就用计算尺和算盘辅助计算。可是，忙了大半年，九次运算得到的结果与顾问给出的数据却大相径庭。他们找到了物理学家周光召。周光召数日验证，肯定了他们的结果才是正确的。翌日，邓稼先郑重地签署了我国第一颗原子弹总体设计方案。2005 年，邓稼先用过的一台手摇按键式计算机在北京展出，纪念中国核工业成就。

附：一对男女的孤军奋战

机械计算机进入到编程这一步，有两个重要人物，一个是英国的巴贝奇（C. Babbage）在数学计算上的发展，一个是美国的霍列瑞斯在信息处理上的发展。

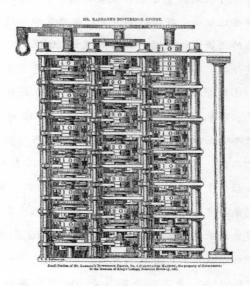

第一台差分机的图纸

　　英国的巴贝奇是个身家富有的少年数学天才。那时，法国为了航海测量，搞了一个国家大项目——人工编制《数学用表》。调集大批数学家组成人工的流水线，完成了 17 卷大部头书稿。巴贝奇与天文学家小赫歇尔等人翻看这些成果，信手拈来，错误百出，由此他决定发明一个机器。第一个目标是"差分机"（difference engines）。所谓"差分"，是把函数表的复杂算式转化为差分，用简单的加减法代替平方开方。巴贝奇辞去了剑桥大学教授职位，1822年他用了十年时间完成了第一台差分机，可以编制平方表，还能计算多项式的加法，精确度达6位小数。他上书要求政府资助他建造改进后的用蒸汽机驱动的运算精度达20位的二号大型差分机。英国政府破天荒同意提供1.7万英镑资助，巴贝奇自己也投资1.3万英镑，这在当时可谓巨款。新机器由25000个部件构成，重15吨，近两米半长，他对工艺要求近乎苛刻，而当时的水平又达不到，所以工程进度十分缓慢，第二个10年过去后，全部零件只完成了一半。最后只得把21张图纸和部分零件送进博物馆保存。他儿子亨利·巴贝奇后来根据其父设计图，生产了六台差分机，其中一个被送到计算机发展的重要人物艾肯手中。

1991年，为了纪念巴贝奇200周年诞辰，伦敦科学博物馆按他的二号差分机原设计图，依十九世纪的工业标准，完整地复原了他的差分机，证明了巴贝奇的机器是可以工作的。科学博物馆一共生产了两个二号差分机，其中一个由微软前首席技术官内森·梅尔沃德所有，并曾在硅谷电脑历史博物馆展出。

1842年，英国政府断绝对巴贝奇的资助，科**学界奚落声不断。巴贝奇却决心大胆研制更完善的**"分析机"（Analytical engine），希望它能自动解算有100个变量的复杂算题，每个数达25位，速度达到每秒钟运算一次。分析机与差分机的不同在于它能够用打孔卡编程。巴贝奇的思想直接来源于杰卡德提花机穿孔卡片。提花编织机编织绸布的图案花纹时，织工必须按照预先设计的图案，用手在适当位置反复"提"起一部分经线，以便让滑梭牵引着不同颜色的纬线通过，编织效率很低。1725年，法国机械师布乔可能从他父亲制造自动风琴的过程中得到灵感，采用自动风琴采用的穿孔纸带，根据图案打出一排排小孔压在编织针上。正对着小孔的编织针能穿过去钩起经线，其他则被纸带挡住不动。于是，编织针自动按照预先设计的图案去挑选经线，编织图案的"程序"也就"储存"在穿孔纸带的小孔之中。八十年后，另一位法国机械师杰卡德（J. Jacquard）完成了"自动提花编织机"的设计制作并在巴黎工业展览会上出现，控制图案的穿孔纸带换成了穿孔卡片。杰卡德的机器仍在英国曼彻斯特科学工业博物馆展出。

分析机中，巴贝奇天才地设计了类似于现代电脑五大部件的逻辑结构。分析机的"存贮库"每个齿轮可贮存10个数，齿轮阵列总共能够储存1000个50位数。"运算室"基本原理与帕斯卡的转轮相似。控制器功能是以杰卡德穿孔卡中的0和1来控制运算顺序。这时，被视为疯子的巴贝奇交了好运，有一个非常理解他思想的淑女来到了他身边，出钱出力要和他合作，这就是 27 岁的爱达·洛甫雷斯伯爵夫人（Ada Augusta），她为分析机编了程，现在大家都认为爱达是世界上第一个编程员，有一种当代程序设计语言就命名为 Ada（爱达）。爱达可不是一般人，她是英国大诗人拜伦的女儿。父母婚姻破裂，她一直随业余数学爱好者的母亲安娜生活。爱达没有继承父亲的诗歌天分，却继承了母亲的数学才能。爱达也死于 36 岁，与她父亲拜伦一样年纪。没有任何支助，他们耗尽了全部家财，连同二人的性命，分析机终于没能制造出来。巴贝奇的小儿子亨利·巴贝奇按他父亲的设计制出了分析机运算室，现在收藏于伦敦科学博物馆。

1871 年死后，巴贝奇的大脑被取出保存在伦敦科学博物馆。在靠近月球的北极，有一个陨石坑被命名为"巴贝奇坑"。

附：IBM 是打卡出身

机械计算机史中的另一个重要人物出场了。美国为了 1890 年第 12 次人口普查，招标一种能自动编制表格的机器发明。在人口普查局工作的霍列瑞斯（H. Hollerith）也从杰卡德编织机的穿孔卡和火车票检票打卡中得到启发，他设计每张卡片有 12 排和 80 列，即为一份个人编码记录，在机器上安装了一组盛满水银的小杯，穿好孔的绝缘卡片就放置在这些水银杯上。卡片上方探针连接在电路一端，水银杯则连接于电路另一端。只要某根探针撞到卡片上有孔的位置，便自动跌落下去，与水银接触接通电流，计数器前进一个刻度。为了配套，他又发明了自动送卡机和键盘穿孔机。霍列瑞斯的制表机（Hollerith tabulator）使1890年的人口统计只花了一年。于是他也自立门户，在1896年成立了自己的制表机公司。霍列瑞斯的发明在两个方面对计算机有重大贡献：一是制表机穿孔卡第一次把数据转变成二进制信息；二是从制表机开始，数据处理也发展成为机器的主要功能之一，计算机从数字计算向电脑信息发展走出了第一步。

霍列瑞斯制表机公司与另三家公司被金融投资家弗林特兼并组合。经理沃森在1924年把组合公司更名为"国际商用机器公司"，简称IBM。1944年，IBM出资，美国数学家艾肯负责研制的马克1号电动计算机在哈佛大学正式运行，它每分钟能够进行200次以上运算。女数学家霍波为它编制了计算程序，声明该计算机可以求解微分方程，因而代表着自帕斯卡计算机问世以来机械计算机的最高水平。但是，这种机器从它投入运行的那一刻开始就已经过时，因为人类社会已经跨进了电子时代，后面的事大家就都知道了。

胡椒磨和数学手榴弹

在逡巡了机械计算机发展过程后，我们还是要回到收藏的角度，毕竟那些大件只能摆放在博物馆或被微软大腕们收藏。不过如果舍得花点钱，有一种小巧的手摇掌型机械计算器还是可能获取。因为形状和动作方式，它被贴切地称为"胡椒磨"和"数学手榴弹"。那就是 Curta（库塔），藏家认为它是比机械名表和机械名牌相机更有品位的收藏。这种计算器生产于 1948 年，600 个机械零件极其紧凑地安置在小小圆柱体内，能作四则运算和求平方根。可以说是莱布尼茨步进轮计算机和托马斯算术机的后代。

20 世纪 30 年代，Curt Herzstark 在维也纳开始

研究这种袖珍计算机。利用弃九法将减法变成加法，突破了过去在借位减法中的复杂机械方法，这个改进，是 Curta 成为手掌型的关键。1938 年纳粹强迫他专为德军生产测量仪器，不得不停止了袖珍计算机的研制。他因为母亲是犹太人，1943 年被投入 Buchenwald 集中营，令人讽刺地，正是在这个监狱，德国人让他继续研究袖珍计算器，并说当赢得战争后，将作为呈给元首的礼物。设计人也会被当作一个雅利安人而不是犹太人了。于是 Herzstark 为了自己的生存，仅凭过去的记忆，疯狂地工作。

直到 1945 年 4 月 Buchenwald 集中营被美军解放，Herzstark 已差不多完成了，他原计划将仅有的一点细节改进后，将模型和图纸拿去魏玛附近找一家有足够精密水平的制造厂。但随后到来的七月，俄国人来了，他害怕被送到俄国，于是远遁到了澳大利亚，寻求资金支持同时申请专利。最终，欧洲袖珍小国列支敦士登亲王对同样是袖珍的计算机表现出兴趣，不久，一家名叫 Contina AG Mauren 的新公司在列国成立。可是好景不长，公司一些投资人显然认为已经从 Herzstark 处取得了所有他们想要的东西，便故意把他的所持股价削减至零，包括他三分之一的利息，迫使他离开。可是早些时候这些投资人却未选择将 **Herzstark** 个人的专利权转移到公司。他们居然起诉 Herzstark。这个起诉适得其反，没有专利权他们不能生产任何东西，只得重请 Herzstark 出山，于是他又执掌大权，谈判签署新合同，钱又潮水般流向他。

Curta 被认为是最好的袖珍计算机，单一的曲柄旋转可以将输入的数字显示在结果窗，增加旋转次数可做加法。做减法时，将曲柄向上轻轻一拉，再旋转就成。乘除法和其他的运算则要求一系列的摇动曲柄与平移滑动架的操作。

估计有 140000 台 Curta I 型和 II 型计算器被生产出，最后的生产年份是 1972 年。目前，估计仍有数千台机器像四十、五十或者六十年前被制造出时那样，流畅地工作着。

附： 卢天贶教授的计算工具收藏

国防科学技术大学卢天贶教授，有上十年的计算工具与打字机系列收藏史。其中数百件计算工具包括各种大小的滑标计算尺、圆形计算尺、怀表型计算尺、Thacher 圆柱计算尺、Fuller 圆柱计算尺、Otis King 圆柱计算尺、甘特式计算尺、伽利略比例规、俄国算盘、帕斯卡式加法机、莱布尼茨式乘法机、链式乘法机、手摇嵌齿轮计算机、手摇按键计算机、Curt 机，尤其可贵的是他从拍卖会上拍得一套二副著名的象牙纳白尔算筹，而且是罕见的竖排半圆格式，依《清宫西洋仪器》所载，这是清朝数学家梅文鼎的改进型版本。甚至还有专用的计算工具如俄国的导弹计算尺、啤酒生产计算尺、收银机、木方计算盘等。笔者曾数次前往观摩交流。他的更多的中外古董型打字机收藏也是一大特色。

他的很多仪器和机械工具藏品在国内极难见到，很多是在国外商业网站上购得，或者委托友人在国外采得，也有参与各种大型拍卖会所得。这样规模的专业科技收藏在国内少见，因为在网站上的交易与交流渐趋频繁，他认为或许这也是西方科学理性文明在现代中国文化中扩大其一席之地的表现。

经天纬地之材中探寻

一切从三角形开始

天文地理测量大都是以三角测量为基础，天文地理测量仪器也都是以三角形几何原理为基本原理。我们上小学第一次用到的最基本的绘图仪器是"三角尺"。注意到没有？三角尺是一对直角三角形，其中一只的两个锐角是相等的半直角45度，夹直角的两边相等，我们叫它等腰直角三角形；另一只的两个锐角分别是30度和60度。或者可以这样说：前一个三角形是正方形沿对角线掰开的一半，而后一个三角形是等边三边形（三边相等三内角相等）的一半。进一步观察可得知：后一个三角形的斜边是短直角边的两倍，长直角边的平方是短直角边平方的三倍。要是作一图出来，用等边三角形的定义和勾股定理很容易证明出。

读者诸君稍安勿躁，我这里之所以不厌其烦地讲述一对三角尺的形状，可不是空穴来风，因为它

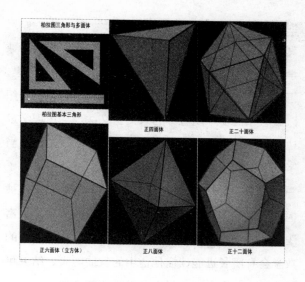

柏拉图三角形与多面体

柏拉图基本三角形

正四面体

正二十面体

正六面体(立方体)

正八面体

正十二面体

涉及一个非常重大的世界观问题。西方文化理性精神的源头，可以说就是由这一对三角形来表达。但凡讲到中国文化，第一个集大成者必定推出孔子，而讲欧洲文化呢，那非柏拉图莫属。孔子教给我们三纲五常尊卑亲疏的做人道理，柏拉图教给我们演绎分析追求真理的识事方法。想起最近很流行的一句话，好像还被拿来做过某大企业的企业精神并广而告之，叫"要做事先做人"。就是把柏拉图和孔子比较着说的。这句话最早的版本好像是清末张之洞办洋务时说的名言："中学为体，西学为用。"

中年女人们挂嘴边的一句话是"柏拉图似的精神恋爱"，以此对抗红尘中的情欲诱惑。柏拉图果然是理性精神的化身，他的世界是数学的世界，他的学社高挂"不懂算学者莫入"之门匾。如果真要谈一场柏拉图似的恋爱，那男女双方就要用数学的公式来卿卿我我了。但男人们千万当不得真，否则后果可以"边沁式恋爱"为鉴。英国18世纪以概念和逻辑严明著称的人文主义法理与伦理学家边沁，就是提出"善"是最大快乐的那人，在当了57年王老五后，忽然想要谈恋爱了，于是写了一封数理逻辑严密的求爱信给十多年前的女友，被拒后又隔了22年，他老以79岁高龄再次写了更富逻辑性的求婚信给想象中的那位爱人，希望人家的数学会有所长进能读懂他信中的款曲隐衷，结果可想而知，原来女人此时宁要感觉不要理性。

但是那些女人们错了，柏拉图并不是只承认理性精神，他的理性在虚空这样的载体中赋形在四种基本元素火、水、土、气之上，有点灵魂附体的样子，与中国的金木水火土"五行"类似，这是西方的元素论和燃素说。且来看这个"灵魂附体"是如何实现的。原来，精神先形成为三角形，就是那一对三角尺。其中斜边两倍于短直角边的三角形，六个一组地拼成个等边三角形，然后由三个这样的等边三角形构成一个正四面体，也就是三棱锥体。再然后由两个正四面体合成一个正八面体。再用二十个等边三角形构成一个正二十面体。至于那个等腰三角形，则两个一拼构成正方形，由六个这样的正方形构建出一个正六面体，也就是立方体。

如果我们收藏矿物晶体，那这样的立体几何状就会很熟悉的。柏拉图说，这四种正多面体依次分别组成了四个基本元素火、气、水、土。可是现实中还有一种正多面体——正十二面体，它由十二个正五边形构成，当初毕达哥拉斯的门徒就是因为泄露了此种立体结构的秘密而被沉舟溺毙了的。现在元素只有四个，柏拉图面临无法分配的局面，他只好说，造物主以正十二面体构成了动物体原型，也是宇宙整体的模型。很勉强呀，要是在中国就好办了，五行正合五立体。

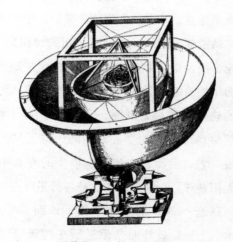

开普勒立方体宇宙模型

也许是受柏拉图的影响，欧几里得在《原本》中开宗明义第一个命题，就是证明"已知一条线段可作一个等边三角形"。不过当读到《原本》第五个命题时出问题了。这命题是这样的:"等腰三角形两底角相等,将腰延长,与底边形成的二补角也相等。"因为证明时要作的辅助线稍多,中世纪的学生们常常就此难倒了,后人于是称这个命题为"笨蛋之难关"(pons asinorum),译音为"庞斯命题",又叫"驴桥"(bridge of asses),笨驴子是不敢过桥的,可见中世纪时人们的几何学水平,连柏拉图的两个三角形都不会证明。

问题并没有完。哥白尼日心说是一个宇宙观的伟大革命,但其实这个学说要到开普勒的行星椭圆轨道体系建立,才完成它的数学模型。开普勒在发现椭圆轨道前曾出了一本书《宇宙的神秘》,在书中他论证说行星的个数和各自轨道的尺寸是与五个正多面体相关的。那时人们包括哥白尼都认为绕日行星的轨道并非只是圆圈,而是被嵌在一种"特殊透明材料"构成的空心球内随天球运转。这种说法很古老,后面在谈到宇宙模型的专章中要详谈。太阳是球心,它外面依次是各行星所占用的天球,一球套一球,水星在最里,外面是金、地、火、木、土星,最外面是恒星所在的天球"恒星天"。开普勒根据欧几里得在《原本》中证明的关于球与内接、外接正多面体的作图法,创造性地提出,每一个行星天球与它内外其他行星天球的距离,都相当于内接或外接一个正多面体。水星球与金星球间是正八面体，金星球与地球间是正二十面体，地球与火星球间是正十二面体，火星球与木星球间是正四面体，木星球与土星球间是正六面体。因为这种内接与外接关系的限定，星球间的相对距离是固定的可测出的。

古希腊埃及亚历山大图书馆馆长埃拉托色尼的那个著名测量，利用太阳入射角测出了地球直径。后来的古希腊人相继利用月相求出了日地、月地距离比；再利用月全食测量，并与地球直径列比例式，求出月径和日径；再结合日月在地面视张角的三角关系，求出了日地与月地距离。现在有了这个正多面体太阳系模型的相对距离关系，于是开普勒认为可以测出太阳系，进而是宇宙的直径了。开普勒好多年后都坚持他这个想当然的观念，可见柏拉图主义对他影响至深。至于太阳与它的各行星间平均距离，在 18 世纪被人发现可以近似地基于一种等比数列关系，这就是提丢斯—波得定则。

很有意思，在清宫的西洋仪器收藏中，有一盒楠木几何正多面体及球体模型，叫"宇宙体"，据说是康熙帝学习用的。

小小三角尺，不仅是我们作图测角的仪器，它也与西方理性主义源头息息相通，它发展出相似三角形、三角函数，成为测量仪器的基本原理，也使我们对它心存一种历史文化意义上的敬意。

实用的"水晶球宇宙"

文艺复兴时代的地理大发现，是西方海洋文明的结果。我们现在看看那个帆船时代是如何远渡重洋而不迷航的。人类文明产生于北半球，北半球的人们很早就知道北极星，他们观察夜空得知，北极星是永不沉没的，它四周的北斗七星、W形的仙后座也都围绕北极星在一年内旋转一周，这叫"拱极星"。人们说外围的天球绕着地球转，与地球的旋转轴是一致的，把地轴向两端无限延伸，就是天球轴。天球轴北端点就在北极星一带。地球的赤道投射到天球上，就是天球赤道，人们发现从那些永不沉没但却位置在一年中循环变化的拱极星，延伸向天赤道甚至赤道以南可视的天空内的所有星星，一年内却有相当时间是看不见的，也就是"沉入地下"了。现在向着北极星走，就是朝北的方位，找得到北就有了东南西三方。

北极星的作用不单单是指示方位，它还能指示纬度，所谓北纬多少度，就是指的观察者到地心距离与赤道半径的夹角。如果测出北极星与观察者地平线的夹角，加上或减去太阳绕地球视运动的轨道（黄道）与天球赤道的夹角，也就是黄赤夹角（相当于南北回归线的纬度），就是观察者所在的纬度。当然通过正午时分测定太阳的高度角也能测纬度。这都是简单的平面三角形的几何证明。

再到了后来，人们积累观察，有了天文年历，知道一年中任何时候，某些天体应该在天上的什么地方，通过测定它的当地高度，用一个球面三角的公式就能求出观察者的大致经度。

好了，理论讲到这里，后面所有讲到的天文航海测量，都是为了测量太阳或月亮或某些有指示作用的星体的地平高度角。另外，我们也没白讲这些理论，因为它就是人类第一个宇宙模型托勒密宇宙的前期形式——水晶球宇宙，后面一章将要详细讲到它。今天的电子时代的航海定位测量中，这个模型仍然有辅助的用处。

附：古老的测角仪

喜欢集外国邮票的人一定知道，国外邮票纪念天文、航海、大地、气象、力学测量的内容相当多，这是西方科学传统，以下古老经典的仪器邮票上都有。

卡马尔（Kamal）：这是最简单的测高方法之一，阿拉伯人用这种矩形木块，使用它时眼睛看去木块底边在天水线处而顶边则与天体相重合。它连着打结的绳，用牙咬着能保证滑动木块时绳不会松和变形。中国郑和航海时用的一种类似的仪器叫牵星板，是用线牵着的十二块从小到大的正方形木板和一块四角有缺口的象牙方板组成，用时与卡马尔类似，但更加精致完备。

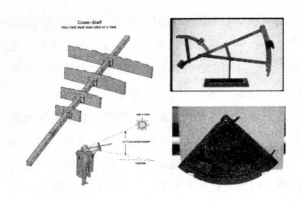

十字杆和背标仪（Cross-Staff&Back-Staff）：十字杆也叫雅各布杆，是一根或几根长短不同的横杆在一根直杆上滑动，作用与卡马尔类似，观察天体到地平线的角度。而背标仪是1590年由约翰·戴维斯发明的，观察者不用直接观察强烈光线的太阳，而是看太阳通过细缝后投射的影子。

象限仪（Quadrant）：形状是圆的四分之一，通过一个直角边上的窥筒观测天体，视线与天顶的夹角即天顶距，圆心处装着可旋转的悬垂线就指向四分之一弧的刻度上。哥伦布航行时用过它。现在它有很多收藏品，故宫博物院也有类似的，如果想在国内也方便地看到真品，北京建国门外的古观象台上就有清时传教士设计制造的巨大的天文象限仪。象限仪是多功能的，取决于它们的设计元素，可以计时，也可以测量天体角度，有的还能当星盘标示星象。

阿拉伯式平面球形星盘（Planispheric Astrolabe）：这词来源于希腊语，意为"寻星"。在盘上可找出观察者所在的纬度和时间，在天空中找到相应的星象。它的反面有窥筒可以对准天体旋转，调节不同的时间和日期，像象限仪一样垂直拿着测定天顶距，用90减去这个度数就是天体高度。正面则是一个网格状的圆罩，上面的几个圆圈表示着赤道、南回归线，偏心圆则是黄道，里面装了不同的金属盘，显示不同的纬度向天球北极仰视时的样子，也就是把浑仪或球仪压扁了，所以中国人叫简平仪，利玛窦进入中国时带来了很多，他的中国学生数学家李之藻还专门写了一本专著叫《浑盖通宪图说》。明朝科学家徐光启和传教士熊三拔也著有《简平仪说》。

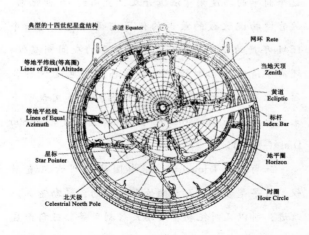

典型的十四世纪星盘结构

赤道 Equator

网环 Rete

等地平纬线(等高圈)
Lines of Equal Altitude

当地天顶
Zenith

黄道
Ecliptic

等地平经线
Lines of Equal
Azimuth

标杆
Index Bar

星标
Star Pointer

地平圈
Horizon

时圈
Hour Circle

北天极
Celestial North Pole

水手星盘（Mariner´s Astrolabe）：星盘保留测

高功能，减少了星象功能。在很多描写海盗的图画中，都能看到它的形象。哥伦布就用了它。

夜间测星仪（Nocturnal）：夜间测星仪又称为"夜盘"，可以用作晚上测时和测纬度来导航。它的形状像一面手镜，圆周被分成十二等分，与一年12月相一致。指示臂装在圆心可旋转。通过圆心的小孔能看到北极星，把指示臂与小熊座的帝星对齐，它是小熊座仅次于北极星的第二亮星。指示臂也可以对准其他指极星如大熊座的北斗七星，或者仙后座。看指示臂在刻度圈上的指示就是当时时间。第一次它被描述是在1272年。夜间测时仪刻度是一个修正弧分值，因为如无这个补偿，北极星到真北极轻微的差距可能会令航向偏差达50英里。这个简单的纬度测量法很普及，直用到16世纪末。故宫博物院收藏的最老的仪器前面说过，是一个1541年产的日月星晷，就是带日晷的夜间测星仪；还有个清宫自己制的铜镀金星晷仪，也是这种仪器，但不知何故，《清宫西洋仪器》的英文说明中未用专有名词Nocturnal称呼它，却用了复合词Star Dial（星晷）。

三角仪（Triquetrum）：中国清朝叫古三直游仪。最早是古希腊人喜帕恰斯发明的，托勒密加以改进，所以又叫托勒密活动尺。利用等腰三角形底边所对弧测出顶角，其对顶角正是星距。故宫中有类似的藏品。

故宫科隆产日月星晷仪

赤基黄道仪

赤基黄道仪（Torqutum）：中国清朝叫古象运全仪。这个东西最早是 15 世纪德国大数学家雷吉奥蒙塔努斯（缪勒）介绍于世的，此人极重要，他编辑出版了托勒密的《至大论》一书，还完成了《三角集成》，为数学在天文学上运用开了先河。这种仪器从下向上有水平、赤道、黄道三个圆盘，各盘间以铰链相连。最上是个连着可旋转照准器的垂直刻度盘，因此它可以视需要在不同坐标系中观察天体位置。可能是最接近后世经纬仪的了。

经纬仪与六分仪

有人说，西方近代文明中，经纬仪的作用大于枪炮。另一句话是：文明的进军者是由那些探险者们组成的，他们是士兵、传教士、商人和测量师。此言千真万确。像经纬仪与六分仪这类最重要的测量仪器，对地理大发现和殖民地疆土开拓，善莫大焉。美国两个最伟大的总统华盛顿和林肯，还有那个著名的反政府起义首领约翰·布朗，都曾做过测量员。

经纬仪的名称 theodolite 这个词首次出现在1571年公布的一本测量教科书中，著者是英国人列昂纳德·狄格斯，词义至今不太明了。这个名字早期确实有一些混乱。第一个更像今天的经纬仪的仪器，是1576年由德国的约书亚·哈伯默尔所制，同时他还制出了罗盘和三角架配在仪器上。其实这仪器就是一个水平刻度的圆盘用来测量地平方位，也叫地平经度；再一个垂直刻度圆盘用来测量垂直高度，也叫地平纬度。最早它是测量天体用的，到

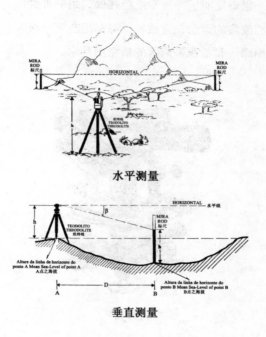

水平测量

垂直测量

北京古观象台就能看到清朝康熙年间的一架地平经纬仪。1725 年，乔纳森·西森用望远镜瞄准器取代了那种外露的照准器。真正使这种仪器小型化用于大地测量，是 1790 年英国最杰出的仪器制造者杰西·拉姆斯登（Jesse Ramsdan）。因为拉姆斯登用他自己设计的极精密的刻度机为经纬仪刻分度盘，所以一时只有英国才能生产最精密的经纬仪。德国要等到著名的仪器商布赖特豪普特（Breithaupt）——仪器收藏者喜爱的一个名牌——出现，这种局面才改变。在 19 世纪 70 年代，爱德华·里奇发明了一种水上经纬仪，用一种钟摆装置抵消波浪的运动，它被美国海军用在第一次大西洋沿岸海港和墨西哥湾区的精密测量中。

经纬仪

WYE 水准仪

与经纬仪同样常用的水准仪和平板仪，在清宫收藏品中都有早期原始的样品，康熙帝曾亲自在大地测量中试用。收藏仪器,这三种测量仪器是大宗。记得前几年青岛老天文台清理库房曾发现了一些老式仪器,但一时皆不知何物,据当地报纸载,他们还送照片到紫金山天文台找专家辨认,也不知何用。据其网上发布的照片,其实其中那架黄铜制像一架小炮的仪器,不过是 Y 型水准仪(Y level),早期公路测量用的。而另一个圆形带三只长脚的仪器则是航海绘海图用的三杆分度仪,配合六分仪用。

如果说早期天文的象限仪、圆仪(Circumferentor)、半圆仪(Graphometer)和地平经纬仪(Altazimuth)产生出了工程经纬仪,那早期天文仪器纪限仪则产生出六分仪,它们是同一个名词 Sextant。纪限仪与六分仪一样也是在一个六分之一的圆弧上刻度。在弧一端固定一个目镜照准器。装在圆心处可旋转的指标臂,其末端也装一个目镜照准器,它随指标臂活动。圆心处则装物镜照准器。这样便可以同时观测两个不同天体,在弧上求出夹角。北京古观象台上也有一架 17 世纪的老古董纪限仪。六分仪的作用就是测两个不同目标的夹角,通常是某一时刻太阳或其他天体与海平线或地平线的夹角,以便得知海船或飞机所在位置的经纬度。这样目的的测量仪器早就有了,六分仪的伟大是它用两个镜子双反射后将天体移向了地平线,只要移动指标臂,其上的动镜将目标反射到前方的定镜,

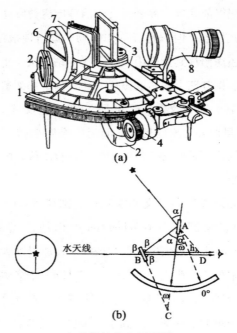

(a)

(b)

六分仪结构和原理图

1. 刻度盘 2. 刻度盘旋钮 3. 定镜 4. 刻度滚
筒 5. 动镜 6. 定镜 7. 动镜 8. 望远镜 ω. 两镜
夹角 *h*. 观测角

再与通过定镜另一半看到的地平线或其他目标天体
重合,看指标臂在六分之一的圆弧上指示出的度数
就是夹角。观察者再也不用一次看两个地方了。我
们分析它的原理,观测角即为定镜和动镜两镜面夹
角的 2 倍。六分仪的分度弧虽只 60°,标识的却是

120°，因此它指示的其实是三分之一圆周的空间度数。如果有兴趣，运用入射角等于反射角，内错角相对，对顶角相对，三角形一外角等于不相邻二内角和这样几个几何定理就能证明这个两倍关系。

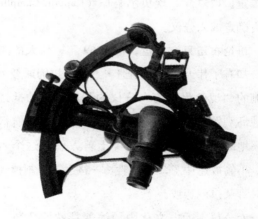

　　1734 年美人戈弗雷（Thomas Godfrey）和英人哈德利（John Hadley）各自独立发明了八分仪（Octant），因为当时他们的分度弧是圆的八分之一。两人都把设计方案提交英国皇家学会，两人分获奖金但却以后者命名。不过，可以相信，这个原理 1699 年就被牛顿首先发明了，只是他没制出实物，但他把这个发明文件交给了当时的英国皇家学会秘书埃德蒙·哈雷爵士（Edmund Halley），就是著名的哈雷彗星的发现者。但哈雷把文件放错了地方，后来又遗忘了。这一耽搁就将八分仪的发明延期了 35 年，直到哈德利与戈弗雷的发明。又过了八年哈雷死后牛顿的天才发明才被人在遗物中发现。八分仪只能测出 2×45° 的范围，于是英国著名仪器制造者约翰·伯德（John Bird）在 1750 年制作了一个完整的圆圈，其测量范围可达 360°，但很笨重。1757 年，坎贝尔船长（Captain Campbell）最终确定成六分仪。

哥伦布还只有星盘，但 1769 年，伟大的库克船长却有了伟大的仪器制造者杰西·拉姆斯登为他定制的"现代化"的六分仪的帮助，成功抵达大溪地岛观测金星凌日。1777 年，库克船长航行到大溪地的胡阿希尼岛，一个土著人偷了这个六分仪。小偷被逮住了，库克船长一怒之下，割掉此人一对耳朵以示惩戒。

六分仪在西方文化中扮演着特殊的角色，其精巧的原理也使收藏者爱不释手。即使是电子时代的今天，在特殊场合一切现代化设备都可能失灵时，它能派上用场。1969 年，美国发射阿波罗十二号登月飞船，才入大气层忽遇大雷电，使惯性平台失效。在到达轨道后，宇航员戈登急中生智，拿起一只航空六分仪对着舷窗外的恒星确定方位，将数据输入计算机重新调整制导平台，才得以继续飞行。危急时救人的往往是简单经典的东西呢。

10 马克上的高斯

说到六分仪和经纬仪的发明，另一个伟大的数学家、德国人高斯（Johann Friedrich Carl Gauss）应该名列其中。他在德国北部汉诺威进行的三角测量中，发明了日光测地仪 heliotrope，它和经纬仪、六分仪有相同的原理。

测量一块土地，通常的方法是布设一个覆盖全面的有一些标识的三角网格，然后测量一些三角形的边与角，应用正弦定则计算出测量结果。这就是三角测量术。高斯发明 heliotrope 就是为了精确地从一点呈直线地看到另一点，这个原理就如用镜子反射阳光到远处物体上一样。heliotrope 连接有两个叠加的垂直小镜，还有一个望远镜。镜子反射阳光到几公里远处某个选择了的点上，通过望远镜能轻易看到这个被反射阳光击中的点，宛如闪亮的恒星。当太阳在天空移动，用手旋转镜子令阳光永远同方向地反射出去。这个仪器包括镀银和半镀银的两面镜子，它们被互相成直角相对地固定着。操作者通过半镀银镜能看到远处的站点，此时他转动银镜，令阳光的影像在半银镜中微弱地被反射出并与远处站点相重叠，自然地，来自银镜反射的光线呈直线指向远方站点。显然，仪器的原理与六分仪或者八分仪很类似，而它的用途则与地平经纬仪又相类似。

有了 heliotrope 的帮助，高斯能够比以前的测量测得更远也更准。在晴天，一具 15 厘米的 heliotrope 能够把光送到 50 公里远。加上一些小小的改进，heliotrope 甚至在阴天没有直射阳光时也能测量。他的 1840 年改进型后世一直沿用到二十世纪航空测量。

高斯甚至想到了用 heliotrope 传送光信号一直达到月球，以便求得数据来确定经线的精确值。他写道："用一面面镜子重叠，每个都是十六平方英尺（一点五平方米），人们就能够将光送到月亮。事实上，一个人可以和月亮上的某人通话。"后来，有一种叫 heliograph 即日光信号器的仪器在受到 heliotrope 的启发后果然出现了，当时是英国人在印度用 heliotrope 做三角测量。

但是高斯的这件仪器带来的功用远不止如此。这次延续五年的田野三角测量中，高斯为了分析大量的数据，发明了一种统计概率的方法即最小二乘法。他由此还提出了概率论中著名的正态分布曲线

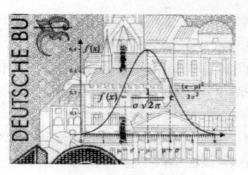

10 马克上的高斯分布曲线

（normal distribution）及其公式。我们来简单探讨一下这种概率分布。一个事件发生的频率，总有一个稳定值，称为"概率"。确定概率，有赖于我们随机地选取事件发生的次数，但不管如何选取，自然界事件的概率分布大部分是呈现一条钟形穹隆的对称的曲线，它叫"正态曲线"。它的对称轴就叫"均值"，也就是这个概率的期望值。均值两边的一定的对称位置内如果事件发生的几率有近七成（0.6826）时，则这对位置点就叫一个标准差。而扩大至两个标准差的位置内，事件的发生几率会达到九成半（0.9545），三个标准差的位置，事件的发生几率会达到近十成（0.9973）。也就是说，超过三个标准差的概率，可以忽略不计的。因为一对位置在坐标两边，会是一正一负，为了计算时方便只取正值，常用标准差的平方数，这叫做"方差"。后来的法国数学家拉普拉斯发现不仅大多数事件的概率是正态分布，连误差的出现也是遵循这个曲线，所以正态分布又称为"高斯—拉普拉斯分布"。它很有用，2012 年中国高考湖北卷理科数学试题中就有求概率均值与方差的试题。

更进一步，高斯得益于这次测量，公布了关于地球形状测量估算和仪器误差的结论，在 1828 年，他发表权威性的著作讨论了大地曲率和曲面几何的问题，这不仅是测地术在曲面上的应用理论，也许更是非欧几里得几何的创立的先兆。事实上，两个与非欧几里得几何创立有涉的关键人物，小波伊尔和黎曼，都与他有关系。

所有这些成就，我们可以从一枚 1993 年的德国 10 马克纸币上见到。钱的正面上是高斯像和他的正态分布曲线及其公式，这个公式上的 σ 和 μ 分别是标准差和均值，而很有意思的是，三个常用的无理数常数 π、e、$\sqrt{2}$ 居然汇聚一起了。背景是他任职的德国哥廷根大学。反面是他的集经纬仪、六分仪、日光信号机于一身的 heliotrope，还有那次伟大的北汉诺威三角测量网的一节。这枚令人心仪的历史记载，仅仅花了我一百人民币！有人为它写了专门的鉴赏文章，它是西方理性文化的缩影。

附： 盒式六分仪

1803 年，英国数学仪器制造人威廉·琼斯（William Jones）发明了盒式六分仪（Box Sextant），小小的一个圆柱，像女人用的香粉盒，打开来就是六分仪了，主要在陆地上测量，小船航行时也会用得着。1960年，法国水手 Jean Lancombe 还曾用这种六分仪，坐着他的20英尺的小船，独自在74天内横渡了大西洋，从英国海港普利茅斯到了美国纽约。另一个用盒式六分仪的人是达尔文。1831年达尔文接受了在皇家小猎犬号（比格尔号，HMS Beagle）上任随船植物学家的职务。达尔文随船考察用的就是一架盒式袖珍六分仪。1912年这架仪器被他儿子伦纳德捐赠给皇家地理学会。达尔文的盒式六分仪由伦敦商人 JF·纽曼（JF Newman）制造，纽曼专门销售气压计、高温计、日晷和测量仪器，他还为东印度公司生产装备。还有一个人使用过盒式六分仪，那就是大名鼎鼎的詹姆士·邦德在他的电影中。

盒式六分仪仿品

树高几何

常常用来测量树高的仪器也不少，原理很简单，要么是相似三角形要么是三角函数，反正离不开三角。像韦塞测高器、哈格测高器（Haga）、克里斯屯测高器（Christen）、布鲁莱斯测高器（Blume Leiss）、桑托测高器（Suunto）、阿布尼水准器、测树罗盘仪（Ushikata）都是如此。只要看英文中用了 HYPSOMETER 一词的，都是这些三角测高仪器。比如韦塞氏测高器（Weise Hypsometer），作者有一只非常漂亮的黄铜制成的，中国公私合营时代的产品。由装有齿状刻度板的圆形观测筒和带有悬锤摆的相同刻度尺组成。将那个两截棒似的，顶端铰接着悬锤摆的刻度尺垂直插在观测筒上，对准远处树梢，此时因为观测筒倾斜，它上面的齿状刻度板、悬锤摆、与悬锤摆铰接的刻度尺三者构成一个直角三角形，这个三角形与另一个大三角形是相似的，即观测者到树脚的距离、观测者眼睛到树梢的视线、减掉人眼高度后的树高这三边构成的三角形。因为测高器上有两个刻度，只要知道到树的距离，用"相似三角形中，等角所对边对应成比例"这个定理就能算出树高。以上定理见于欧几里得《几何原本》卷六命题四。

再来看看著名的阿布尼水准器（Abney Level），是著名的洛克手水（John Locke hand level）的一种

韦塞测高仪

改进版，我非常佩服这个十来厘米长、小巧简单的仪器的设计原理。从窥筒里瞄准树梢，扳动旋钮带动一边的水泡管和指示臂，你从窥筒视野中的侧边能看到由三棱镜反射进的水泡的影像上下游移，当它正好居中与树梢并列，此时看指示臂在半圆分度弧上的角度读数，精确到了 10 分，这就是树的高度角。原来水泡影像被一只三棱镜折射到窥筒内。如果知道到树的距离，现在可以用直角三角函数的正切值（高度角的对边比邻边的值）算出树高了（当然要减去你的眼高）。或者，也可以事先设定高度角为 45°，再试着调整到树的距离，直到窥筒内树梢与水泡平齐，因为 45° 高度角是等腰直角三角形，正切值是 1，所以不用计算了，到树的距离就是减去眼高后的树高。前面说到过，西方最早记载的数学家泰勒斯在埃及便是这样测出金字塔高的。

阿布尼水平仪

1870 年代，时任英国军事工程学校教官的威廉·阿布尼（William Abney）发明了它，阿布尼也是一个天文学家和化学家，还是红外感光、彩色摄影术的先驱者。

宇宙中之定律

浑天仪与托勒密宇宙

还是要从北京建国门外的古观象台说起。建这个中国第一个西方近代意义上的天文台，是清康熙初年比利时传教士南怀仁的功劳。最先是他进贡了一个演示日月星地关系的浑天仪（Armillary Sphere），在一个柴檀木几上安装了一系列银镀金的圆环，木几相当于地平圈；与它垂直的一个圆环是子午圈，代表过当地天顶的地平经度线。这个地平圈是北京当地的，所以另一个圆环赤道圈是倾斜的，与地平的夹角正好是北京的纬度；与之配对的是过地球二极的过极圈。另有一个圆环以黄赤夹角与赤道环相交，这是黄道圈，即太阳绕地视运动轨迹；与之配对的是垂直的黄经圈。另有一个以五度夹角与黄道圈相交的白道圈，月亮视运动的轨迹。所有圆环的球心，就是地球，标有五大洲名称。

黄道圈上有西方的十二宫，代表在黄道一周分布的恒星座，这是我们大家都熟悉的命运星座。同时还有中国的二十四节气，反映"太阳绕地"旋转一周，造成地球上的一年气候。别看这些复杂的环圈，归纳起来，就是以当地地平、天球赤道、黄道三组天体坐标构成的天体运动关系的演示模型，它代表哥白尼日心地动说之前的托勒密宇宙论。

北京古观象台黄道经纬仪

因为一次对星月与太阳位置的推算与实测相符，南怀仁用他的西方仪器又比中国钦天监即中国国家天文台的雇员们实测准确，于是年轻的康熙帝决计学习西方数学与科学，还批准南怀仁制造六台大型天文仪器，其中有赤道经纬仪与黄道经纬仪，都属于浑天仪类型。1674年，南怀仁将制成的仪器安装在观象台上。康熙后期传教士纪理安补上了地平经纬仪。到乾隆十九年，传教士戴进贤和刘松龄又补上了玑衡抚辰仪，也是浑天仪一类。这些仪器不仅是演示，还加上了观测器，可以实测天体位置。至今我们仍能目睹它们几百年沧桑后的身姿屹立在北京苍穹下。

紫金山天文台上的清朝折半天球仪

南京紫金山天文台也有两件古老仪器，都是明朝正统年间的。一是仿制的元朝大天文学家郭守敬简仪（即浑天仪的简化与改进型），一是仿北宋皇祐年间浑仪。宋元仪器的原型都代表着中国古典天文仪器的最高成就，明朝开国后仍袭用它们，并把它们运往新国都南京鸡鸣寺观象台。明成祖改国都北京，这些仪器并未北上。后来在北京仿制了上述两件仪器。清康熙初年，才把南京的宋元老仪器悉数搬回北京。可是等到纪理安新造地平经纬仪等一批仪器时，为了节省原材料，竟把这些弃而不用的老仪器都回炉熔化成铜锭，惟留下明朝仿制的那两件置于古观象台上。八国联军入北京，法德二军将观象台所有十件仪器瓜分掳走，法军的运往公使馆而德军的却运回了波茨坦公开展示。一直到巴黎和会后，1921年才正式归还中国仍置北京原处。1932年，日军进犯中国北方，战事吃紧，这两件明朝仪器又被运往南京保存。从北京到南京，又从南京到北京，再从北京到南京，今天紫金山上这两件宝贝的历史，值得玩味。显然，中国古代独立发展的浑天仪与欧洲传教士带入中国的第谷式（指望远镜发明前丹麦著名天文学家第谷·布拉赫创制的标准天文仪器）浑天仪，都同样反映了那个时代普遍适用的对宇宙的认识——地心说。

欧洲地心说宇宙以托勒密宇宙模型为集大成者。前面我们说到过所谓水晶球宇宙，那是最早期的地心说模型，每一个行星都各嵌在一个透明的特殊物质构成的"水晶天球"上被天球带着绕地匀速运转。可是出现了一个问题：除了日月绕地的每天的自东向西的运动，它们和行星都有一个向东的缓慢移动的现象，参照不动的恒星可以发现它们大致有一个周期，且与每日运动的轨道有所倾斜。哥白尼以前的人们并不认为是地球绕日的公转产生了这个现象，向东的缓慢位移正是地球与其他行星公转的视运动。柏拉图的学生欧多克斯提出一个"水晶双球"模式来解释上述现象。他说每个行星都被嵌于双层水晶球体系中，行星所在的内球每日自东向西转动，与它呈一个倾角（相当于黄赤交角）的外球又带动双球每年做自西向东的运行。

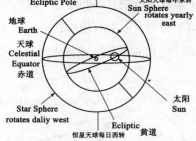

Eudoxon Model of the Sun Sphere

欧多克斯太阳天球模型

但是又遇到了一个问题。行星并非老老实实总是自西向东缓慢运行，它们定期有反向逆行现象出现。用哥白尼的日心地动理论很容易解释：行星逆行并不表示行星绕太阳运转的方向会出现反向，"逆行"只是一种视觉现象。地球与它外圈和内圈的行星，绕日公转的速率各不相同，公转半径也不同，地球上的人看行星的视位置会显得一定时间段内在前面的东方，一定时间段内又落在后面的西方。当落在西方时，感觉是在向西倒行逆施了。其实，把天球当作幕布，我们看到的正是行星与我们眼睛所在的地球的连线，在上面的投影。欧多克斯没有这样的先进理论，他却蛮聪明，把双球加大到四球。外层两个球如前所述，呈一个夹角带动行星日运动与年运动，内层两个球是新加的，它们形成以黄道为轴的反向同速运动，行星嵌在最内层球上。从地球看天球幕布，内两球的运动使行星一半时间与它的黄道上的年运动相叠加，向东移动；一半时间与黄道上的年运动相抵消，向西逆行。总体看起来是一个被黄道平分的 8 字型双纽线轨迹，因为也像马的足镣，所以叫 Hippopede，或译作"马镣线"。

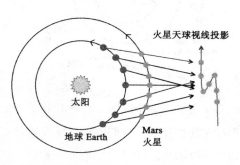

火星天球视线投影

太阳

地球 Earth

Mars
火星

哥白尼解释行星逆行原理

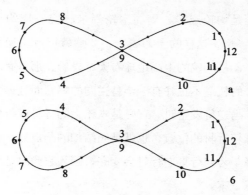

欧多克斯解释行星逆行的 8 字马镳线

　　水晶双球被水晶多球理论改进了，行星逆运动也可以解释了，但是问题接踵而来。既然星地距离是不变的，那为什么每当行星逆行发生时，星体都会明显变亮呢？变亮就意味着星地距离缩短了。于是，古希腊又出现了阿波罗尼这样的聪明人，把同心水晶球理论推倒，另创了一个本轮——均轮说。简单地说，除了太阳月亮不需要外，其余行星绕地运动都由两个不同圆周轨道组成。首先，行星绕着一个圆心向东转，这个轨道叫本轮（epicycle）。然后，本轮的圆心又绕着地球同样向东旋转，这个轨道叫均轮（deferent）。当本轮旋转几圈后均轮才旋转一圈，这样的复合旋转曲线就是均轮旋转造成的大圆圈上向圆心方向绕出数个小环，像绳子打的纽结，纽结扣就是本轮转动造成的，它转了几圈就会有几个结扣。当然也有本均轮转动不成整数比的，甚至是均轮旋转一周而本轮尚未转完一周的（金星）。反正这样的人为凑合，竟然就把行星逆行解释了。从均轮的中心地球看天幕投影，那些有环扣部分的轨道不正好有一半是逆向的吗？而且最关键的，当逆行发生时，正好是本轮上的行星运行到离地球较近时的位置，也就是纽结扣的凸点处，这就解释了为何行星逆行时会变亮，因为它此时是靠近地球了嘛。

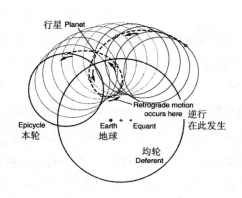

本轮均轮复合轨迹解释行星逆行

这种复合轨迹，其实是数学上的"外摆线"，是"摆线（cycloid）"的一种。它的定义是一个圆沿另一个圆滚动，那个滚动圆上（包括圆周）一固定点所经过的轨迹。这情形也可以看成是：这个滚动圆（本轮）的圆心实际上是沿着另一个定圆（均轮）的圆周在匀速地移动。它的方程是可以建立的，不过这要等到文艺复兴时代了。关于这种有趣的曲线，在后面关于钟表章节还要显出其重要性来。

但是新问题还在出现，当天文学家也难啊。行星逆行的时间并不规范，还不守交通规则，向东运行的轨道不严格地在黄道上。而最主要的是，太阳运行明显不均匀。很早人们通过观察太阳的影子，知道了一年中有两次时间在中午是看不到太阳投影的，这就是春分秋分。而另两个时间阳光影子分别最长与最短，那就是冬至与夏至。春分秋分时昼夜平分，而冬至夏至时，昼夜一个最长另一个最短。由此人们确定了一年之长。我们在后面的日晷计时章节会再说到这个现象。可是太阳在这四个节点间的运行时间并不相等，比如从春分到秋分所用的时间要比从秋分回到春分时间多用六天多。想想看，在圆周的一半上，太阳居然运行得比在另一半上要快，这与匀速圆周运动不相容。

即使后来的哥白尼也没有解决这个问题，等到开普勒用行星椭圆轨道才从数学上解决了它，而力学上最终解决要等到牛顿的引力说。不过，古希腊有人试图解决，这就是以托勒密为代表的一批天文学与数学家。他们在原来的大本轮上加了个反向运转的小本轮，行星在小本轮上向西运转，小本轮的圆心在大本轮上向东运转，大本轮圆心再在绕地的均轮上向东运转。这样一来，复合运动曲线虽仍是一个打了一些环套的大圆，但是这些环扣在大圆上却是疏密不均地排列着，这不正是行星和太阳绕地运动的不均匀性现象么？而且大圆也不一定就是圆形了，它可能拉长或变扁。常常地，小本轮还要不止一个才能过到这种理想的效果。

后来托勒密等人又发现另一种解释可以达到等效的结果，就是把均轮圆心从地球球心偏离，或者说，行星并非以地球为圆心运转，这叫偏心轮。至于偏心轮的圆心也非一定是固定的，它可以在一个以地球为圆心的均轮上旋转，或者是在另一个偏心轮上旋转……听者诸君一定已经头痛了，其实我也快弄不清了。总之，是越来越复杂，只要能解释那些随着天文测量更加精确而导致的新的天文现象，天文学家或者说数学家们尽情发挥着自己的想象与才智企图自圆其说。

托勒密的宇宙体系由此构建。不过远在托勒密本人出生之前，这个理论已被亚理士多德拿来说事，成为他哲学体系中宇宙论的部分。亚氏整合了本均轮与欧多克斯水晶球两种理论，更明确了每个行星的本轮——均轮体系都是在各自的水晶球内运作，嗬，每一个水晶球要能容纳一套这样的体系，该是多厚多庞大呀！而且为了从力学上保证这些轮子的运转，亚氏在原动力发生的最外层的"恒星天球"与各行星天球间，增加了好些个同心球作为动力传导装置。所以说，后来西方钟表的"行星齿轮体系"正是与亚理士多德宇宙体系一脉相承的。

太阳系仪与哥白尼——开普勒宇宙

任何事情一旦过于复杂，就一定出了问题，而且与数学的简单原则背道而驰。哥白尼正是这样看的。他写了大作《天球运行论》，还加上序言要献给教皇保罗三世。但就是不敢公之于众。他倒不是怕教会，因为正是教会鼓励他写书和演讲，而是怕触犯了亚理士多德宇宙观下的大众，所以一直到临死才同意出版。要不叫革命呢，哥白尼从根本上倒了个个儿，把太阳放在宇宙的中心（当时局限于以太阳系为宇宙），行星排了个序都围着太阳转，地球也忝列一席而已，没有任何特权。如前所述，行星逆行的大问题轻轻松松解决了，而且恰是在星地位置最接近时视觉上的逆行开始发生，所以行星最亮。不过哥白尼的宇宙仍不脱水晶球的羁绊，最明显的是他说绕日运行的地球并不是在轨道环上运行，而是被嵌在一个透明的天球上运行。我们知道，地轴始终如一地朝一个方向倾斜才能使得地球有了一年四季，而嵌在天球上的地球在绕日运转的各个位置上肯定不能保证这样，你做个小试验就能明白这个道理。于是哥白尼想当然地让地轴每年都做一个相反的圆锥运动，北极形成一个以球心为端点的"带球冠的球扇形"轨迹，类似陀螺运动。

这样地轴就被"动态地"保持在固定倾向了。

但是哥白尼的想象力就此为止。他仍不能简单地解释天体运动的不均匀性，虽然一举废弃了地心说的大本轮，但不得不拾起复杂的托勒密的小本轮和偏心轮，弄得与他革了命的人同流了。

一定要等到开普勒的出现，简单与和谐才真正出现。古希腊人很早就研究一个圆锥被平面所截后形成的图形，这就是所谓"圆锥曲线"。椭圆就是其中一种，而圆则是椭圆的特殊形式。这种研究一直是一种形而上的东西，在当时并无实际用处。古希腊的尚理精神正是体现在这种对无实用价值的真理的迷恋。没想到在开普勒的手中，圆锥曲线理论终于得到一次大大的应用，理论解释了实际。他原先也是纯粹从美的角度选择了圆作为行星轨道，但并不圆满，最后他发现椭圆作为行星轨道却成功了。太阳正是位于椭圆的一个焦点。接着他发现行星与太阳的连线在相等时间内扫过相同的椭圆面积。换句话说，相等的一个时间段内，所有的行星——太阳连线即向径之和是相等的。这个理论说明了什么？第一，开普勒放弃了圆心而代之以焦点；第二，开普勒放弃了等距离的半径而代之以等面积的向径；第三，开普勒放弃了匀速运动而代之以不匀速。显然，当行星运行到最接近焦点的地方也就是所谓

"近日点"时，它与太阳的连线最短。为了保持相同的时间内扫过相等的面积，行星必须走过更多的椭圆弧轨道，那不就是速度更快些？进一步，他发现了行星公转的周期与它距太阳平均距离的关系式。这样，开普勒完成了哥白尼日心地动宇宙的数学模型，解决了主要的问题，所有的偏心轮、均轮、大小本轮还有更荒谬的偏心匀速点，统统不需要了。世界在新理论下又一次走向和谐，而他的新著作也取名《世界的和谐》。

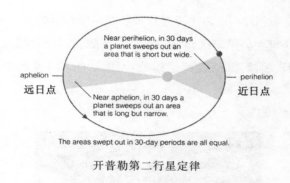

开普勒第二行星定律

与之相应，在清朝乾隆年间，清宫里面出现了以哥白尼和牛顿理论为依据的太阳系仪或行星仪（Orrery，Planetarium），中国叫"七政仪"，"七政"一词出自《尚书》，指日月与五行星。我们在故宫博物院钟表馆里能看到一架非常精致的太阳系仪"铜镀金天文地理表"，带有钟机，能自动演示太阳系运行，连伽利略用他第一架望远镜发现的木星四颗卫星以及土星的光环，都能运转。钟机还能自动显示风景和奏乐。1793年清乾隆末年，英国派遣著名的马戛尔尼访华使团，意图试探以和平贸易方式打开中国市场大门，在精心准备的礼物中，最引人注目的就是两架太阳系仪，代表着当时欧洲最新的科学理论和机械技术的最高成就。它们被安放在圆明园。首次觐见乾隆爷就发生了著名的跪拜叩头礼节事件，英国人不愿下跪，皇帝老大不高兴，差点弄得不欢而散。后来的结局也没好到哪里，最后英国人快快而回。这次试探使英国人明白了，只有靠鸦片与武力才能打开古老的中华帝国的大门。1860年，第二次鸦片战争中，英法联军焚毁圆明园，他们自己毁掉了送给中国人的这两件科学礼物。

故宫铜镀金天文地理表局部.

天球仪和地球仪

北京古观象台上还有一架天球仪（Celestial Globe），像地球仪一样，但标示的都是星空。雍和宫、中国历史博物馆都有清朝天球仪。紫金山天文台也有一架 1905 年清光绪年间仿制南怀仁的天球仪。对天球的认识，中国古已有之。北宋时苏颂的浑象就是天球仪。中国对星空的划分并不同于西方的星座，中国叫三垣二十八宿。古老的浑象没有传下来，但从璇玑图一类传下来的古星图上可知，中国星图制作史很悠久。西方浑天仪与天球仪是相一致的，星座分为 88 个，比如黄道十二宫，即太阳视运动轨道黄道上的十二个星座。对大多数人而言，它们或者只是运势的一种玩具，而且它们也只是人为地划分，并无内在关联。可是它们是一种指标，标示的内容却非同小可。人们把地球自转与公转轨道在天球上投影的两个交叉点称为春分与秋分，天球测量中有以天赤道和黄道为标准的两种不同坐标系，都以春分点为经度（赤经与黄经）的起算点，可是春分点与秋分点并非固定不变的，它们在黄道上向西后移，这现象叫做"岁差"。为什么会产生岁差？原来地轴像一个陀螺，两极形成绕黄轴（假想的与黄道垂直的天球轴）的转动，有点像哥白尼解决地轴倾向不变的天才设想，不过半径小得多。这个可以用牛顿引力理论解释，是日月行星对地球的引力导致地球轴做这种圆锥形的运动，两极在26000年将绕黄极一周。两极变动，春分点也相应移动了。三千年前人们定下的以春分点计算天体坐标与一年时间的标志时，春分点尚与黄道十二宫中的白羊座恒星位置重合，因为每72年后移一度，今天它已经跑到双鱼座与宝瓶座交界处了。十二宫恒星是固定的，但以十二宫为参照系的天球坐标，因为春分点秋分点的移动却在变化中。故宫博物院有一架非常精美奢侈的嵌珍珠金天球仪，内装钟机能走时报刻奏乐，它是1770年由清宫自制的。二百多年后，上面的天球坐标也不符合今天了。天球仪在航海中叫星球仪，因为航海定位时要用它当参照。不过它上面的星星是从天外向天球俯视的样子，而我们一般看的星图，则是我们在天球球心仰视天球时的样子，二者是成镜像的，即左右反向，这点要分清。GPS全球定位系统和电脑星图软件的普及使用，已经让今天的天文学家们都不会去学认星座了，1998年，美国海军学院停止教授天体导航课程，星球仪真的过时了。

我们看天赤道至南星空的星象，会发现很多有意思的星座名，都以科学仪器命名，计有唧筒座（纪念气泵与高压锅的发明人巴品）、圆规座、矩尺座、时钟座（纪念发明钟摆和游丝的惠更斯）、显微镜座、望远镜座、八分仪座（俗称南极座，虽位于南极却因太暗淡而不具导航作用）、六分仪

座、罗盘座。除了六分仪座是 17 世纪大天文学家
赫维留命名的外，其余的尽皆 18 世纪法国的拉凯
勒（Abb Nicolas de Lacaille）所命名。那时人们活
动主要是在北半球，所以南半球的星空并不熟悉，
也没有命名；而拉凯勒是第一个全面绘制南半球星
图的人，他一人发现并命名了 14 个星座。

相比天球仪，地球仪（Terrestrial Globe）出现
在中国则相当晚了，应当是 1582 年后利玛窦进入
中国传教时带入的。那时中国对世界素无兴趣，以
泱泱大国自居，仅仅粗知周围的几个藩邦属国而
已。而 15 世纪始，西方诸国已拉开世界地理大发
现的序幕，对地球开始了全面的测量探求。发源于
透视法的射影几何学，使学者们能够精确使用投影
法将地球绘制在平面的地图上，加上精细的铜版印
刷术的普及，大量的地图出现了。

利玛窦进入中国时随身携带钟表、三棱镜、地
平日晷、世界地图与地球仪，他发现中国人对这些

1570 年奥特略乌斯世界地图

科学的东西的兴趣远远大于对他宗教的兴趣。于是他就想到以科学为饵来传教，同时尽量迎合中国学者与官员的喜好，包括他先着僧衣后又着儒服，学习汉语，研修四书五经，还对世界地图作了一个重大改动。当年他带来的是刚出版不久的荷兰地图大师奥特略乌斯的《世界大观》地图，那时的地图和地球仪，以大西洋上的加那利群岛（当时译为福岛）为零度本初子午线，直至 1884 年才改为英国格林尼治的。如果依此图进呈中国皇帝，则福岛居世界中心，中国将偏居一隅，肯定会触犯当时中国人的万邦之央的心态。据称利玛窦以"亚细亚"翻译亚洲名时，就引起一些中国学者不满，他们据《尔雅》和《说文解字》解释"亚"字为次、微之意而认为"其侮中国极矣"。利玛窦毕竟老于世故，他妙手一施，把世界地图的零度经线位置移到地图一隅，则中国正好位于地图中央了，给人以世界中心的感觉。此图倒真是迎合了中国人，至今都是我们在国内看到的世界地图模式。你到外国看到的世界地图则还是大西洋居中，中国偏居一隅的老样子。利玛窦在奉旨进京途中，沿途测量各地纬度。世界地图和地球仪上的外国地名，都由他第一次译为中文，许多名如"亚细亚、欧逻巴、亚墨利加、大西洋、地中海、罗马、古巴、加拿大等，沿用至今也无大改动。他最早在广东制的《山海舆地图》今天仍未发现传世，但《坤舆万国全图》却非常出名，一直进入明朝宫中，万历皇帝很喜欢看，还叫人用丝织成十二幅世界地图，安装于六对大屏风上。又说要给他的皇子们人手一幅世界地图，宫中的皇亲国戚也要分赠之，将地图挂于墙上当装饰物欣赏，这种风气一直传到现在。

附： 其他的制图相关仪器

顺便说说，与地图海图相关的仪器包括各种绘图仪器 (drafting set)、绘图罗盘 (chart compass)、平 行 尺（parallel ruler）、光 学 矩 尺（optical square）、记步表 (pedometer)、三杆分度仪 (station pointer)、求积仪 (planimeter)、曲线计 (opisometer)、平板仪 (plane table) 等，应用了数学与力学或光学原理，构造都非常巧妙，如果是古董级的材质也极精美，值得收藏和玩味。

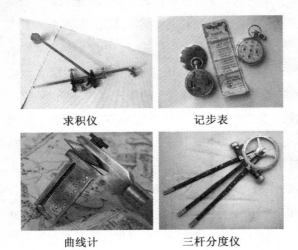

求积仪   记步表

曲线计   三杆分度仪

反射与折射之光

望远镜看到的引力世界

我的外公是 19 世纪 90 年代生人，做过小生意，一辈子不承认地球是转的。他的理由是，如果地转，那小鸟和飞机都会找不到回家的地儿了。这个说法完全不值一驳，可惜那时候我也年少，拿不出充分的理由说服他。不过，他这个问题倒是个经典问题。因为在哥白尼日心地动说刚公布的时候果然引起了轩然大波，旧宇宙的秩序被完全打乱了，有人提出与我外公一样的强有力的反对理由：地球如果旋转，它外层的土与水不是会被甩到太空中去吗？如果这样旋转，那地球表面不是有与地球自转速度等同的强劲的永恒的东风吗？那小鸟起飞后就会找不到巢了，不是吗？

哥白尼学说无言以对，因为这个理论还很粗疏，不能把地球与太空结合一起解释。这时候，伽利略站出来说话了。17 世纪最初几年中，荷兰眼镜匠利珀谢尔（Hans Lippershey）已经成功把凸透镜与凹透镜组合成了望远镜，可是他向当局申请专利时却被拒绝，专利局奖给了他900个弗罗林，甚至还向他定购一批这种光学设备，但对他说：早在三百年前，著名的弗兰西斯·培根就描述了这种仪器。伽利略听说后也投入望远镜的研制中。好在他开过作坊并生产过比例规与温度计赚钱，所以很快造出了九倍与更大倍数的单筒望远镜，在望远镜里，他看到了崭新的世界，有月亮的环形山，有太阳黑子，还有土星光环，最有意义的是发现金星也有如月亮一样的朔望变化，他认为这是金星绕日公转的证据；还发现了木星有四颗卫星环绕着运行；又发现了月亮绕地公转时永远是半边脸向着地球，这叫天平动。于是伽利略充分相信哥白尼是对的，他在名著《关于两个世界体系的对话》中，分析了人们对哥白尼的诘难，提出：向西射出的炮弹与向东射出的炮弹，射程会是相同的，因为炮本身也随着地球向东运动，它们与地球是在相对静止的一个体系中；鸟儿也会找到自己的巢，因为"自然也随着地球旋转，从而带着鸟儿和其他所有悬在空气中的东西一起旋转，就像它携带着云一样"。伽利略已经提出了运动的相对性与参照系问题，并认识到大气层就是地球的一部分。这时他研究了新的重性规律，即地球是如何带着它上面的物体旋转的。可以说，望远镜的发明与使用，使伽利略为哥白尼做了辩护，也促成了他对重力现象的研究，"自由落体定律"从另一方面旁证了以后牛顿的万有引力定律。

我们知道伽利略年轻时在比萨斜塔上做的那个重性实验，他让一个重球与一个轻球同时从八层高的斜塔上自由落下，力图证明他的二球将会同时落下，自由落体与物体质量无关的论断。可是很不幸，重球还是先落了地，尽管只是提前一点时间而已，远达不到亚理士多德理论所说的物体重多少倍就会快多少倍的地步。这自然是因为空气的阻力对较轻物干扰更大的缘故，但那些铁了心要维护旧理论的人终于松了一口气，有理由奚落这位敢为天下先的青年人了。伽利略不得不灰溜溜地离开了比萨大学。

伽利略其实是在证实他的一项观察与推算。他此时已经发现了自由落体运动规律，正在找法子验证。后来他找到了一种可控制的试验方法，让小球沿一个斜坡滚下来，斜坡的长度足以给伽利略以观察记录的时间。结果是，无论坡度多少，相同时间内小球滚过的距离总是呈一种连续的比例增长数，第一时间段走过 1，则第二时间段走过 $1+3=4$（2 的平方），第三时间段走过 $1+3+5=9$（3 的平方），第四时间段走过 $1+3+5+7=16$（4 的平方）……这说明，距离与时间的平方成正比。我们还记得毕达哥拉斯的“正方形数”吗，不正是 1，$1+3$，$1+3+5$，$1+3+5+7$……这样排列的么？伽利略画了一个示意图显示这种关系。就像是一个矩形的梯子，从对角斜分后余下的是三角形。物体从顶点沿梯的直边自由落下，每至一横档处是一个相等的时间段，而此横档就是这个时间段达到的末速度。这一段梯直边与横档围合的小三角形内的面积，相当于这个时间段内所有由小至大速度的和，正是 1，1+3，1+3+5，1+3+5+7……我们理解为它是时间与速度和的乘积，即距离。当物体到梯底的横档处也就是最大速度了。再把梯子切走的那一半三角形还原，又成了矩形梯了，此时每一个横档都是一样长，可以理解为物体沿梯直边以匀速向下运动，这个匀速就是同一横档长，它与原先描述的自由落下物体达到的最大速度相等。相比上述自由落体运动，此时匀速运动在相等时间内却走过了多一倍的距离，因为这个矩形相当于原先两个三角形。换句话说，即如果这个匀速运动的匀速是先前那个自由落体匀加速的中间值或平均值，那相同时间内，二个运动就走过了相同距离。

伽利略落体原理计算图

正是这个结论，伽利略确认了自由落体关系式，距离等于时间的平方乘以速度的平均变化幅度常数。公式与质量没有关系。

此时荷兰科学家惠更斯已经发现了圆周运动的向心力定律，加上我们说过的开普勒的行星运动第三定律（行星运动周期与星日平均距即椭圆半长轴的关系定律），牛顿顺理成章地发明了万有引力定律，引力与二物体质量成正比，与二物距离的平方成反比。把这个定律代入牛顿第二定律（引力是质量与加速度乘积），得出的加速度会是一个只与地球质量有关而与地球上的小物体比如伽利略手持的小球质量无关的常数。原来，伽利略的重性定律描述的就是万有引力。两个小球无论重量相差多少，都会是同时从比萨斜塔上落地的。这样，"重性"就是万有引力，天与地的力都同一了，牛顿为哥白尼理论建构了力学的模型，并在稍后的拉格朗日与拉普拉斯两人手中，最后完成这个模型。法国人勒维列根据拉普拉斯补充后的牛顿理论推算天王星不规则的运动轨迹是因为外侧一颗未知行星的引力作用，他计算出这颗行星的轨道和质量。1846年，英国人亚当斯根据勒维列的计算，用望远镜发现了海王星。望远镜最终证明了哥白尼——牛顿宇宙论的成功。

望远镜是何时传入中国的，并无精确记载。1621年，德国耶稣会传教士邓玉函进入中国广东，

四节望远镜

他在动身来中国前，红衣主教博罗梅奥曾委托一个朋友送给邓玉函一个望远镜，要他带往中国。邓玉函曾应邀观看伽利略的天文望远镜，后来与中国人王徵合著了一本介绍欧洲机械力学的著作《奇器图说》，这在中国也是开山之作了。但是似乎有更早的记载，在《利玛窦中国札记》中记载，葡萄牙传教士鄂本笃于1603年初动身走陆路到中国，他要证明"契丹"这个由马可波罗引入西方的名字到底是不是利玛窦走海路所到的中国。如果是同一国度，那鄂本笃将会遇到利玛窦。途中他到了今天新疆和阿富汗一带的喀什噶尔王国，他送给国王穆罕默德一只望远镜和一只项链表，当然也得到不少和田玉。次年他又到达新疆阿克苏王国，送给王后一副望远镜。而此时伽利略的第一架望远镜还没诞生呢。

三棱镜的娱乐、研究与实用

故宫博物院有大量的望远镜收藏，有的非常奢华。其中还有一些是反射式望远镜呢。说起来，反射式望远镜的来历与三棱镜有关。折射望远镜，不管是伽利略的凹透镜与凸透镜组合，还是开普勒的凸透镜组合，都会遇到一个难以克服的透镜本身的问题，限制了它的使用。这就是影像边缘总有色圈的环绕，影响了成像。牛顿研究后发现，无论透镜的形状磨制得如何精确，用球形还是圆锥曲线，都不能把自然光完全汇聚到同一个焦点上，光斑的直径不会小于物镜直径的五十分之一。他是如何发现的呢？他用三棱镜做了一个分光实验。太阳光通过三棱镜后被分析出了不同颜色光。他又用另一个三棱镜倒置于其后，于是分散的色光又被还原成白光。笛卡儿曾发现了光线在进入另一个透光媒介时，其入射角与新媒介中的折射角有一种关系，即二角正弦的比值相等。牛顿却发现实验中通过三棱镜后被分析出的各色光都有不同的折率角度，与笛卡儿定理明显不符。原来，白光是由折射率不同的光线组合成的，红色在折射光的最外端，折射率最小；紫色在折射光的最内端，折射率最大。这些不同折率的色光当然难以汇聚到一点。三棱镜的分光作用就此发现。而牛顿也认识到，折射式望远镜透镜的色差是难以解决的，所以他就转而研究反射式望远镜，利用抛物线型的凹面镜，将光线聚合成一点，再通过镜前一面 45 度角放置的小平面镜，将聚合后的光以 90 度反射到目镜上观测。在当时，很多科学家哲学家如伽利略、惠更斯、托里拆利，还有斯宾诺莎，都喜欢亲自磨制玻璃透镜，磨镜是一种时尚就像我们国人现在的泡功夫茶，牛顿也是这样。现在他又开始抛光抛物线型金属凹面镜，以当时的工艺是非常难的，但是他还真的完成了这道工艺，造出了一个牛顿式反射望远镜，装在一个万向节上可 360 度旋转对准天空。以后的天文望远镜从此开始走向以反射式为主流。

三棱镜传入中国的故事，就很有意思了。因为利玛窦刻意渲染三棱镜的奇妙分光作用，使这件东西达到了神话才能企及的高度。《利玛窦中国札记》记载了他在中国如何利用三棱镜来诱惑中国人并结交朋友打通关节的。他第一次进入广东肇庆就带来了"三角形的玻璃"即"威尼斯棱镜"，镜中反映出漂亮的五颜六色的景观来。中国人以为这是一种稀罕的宝石，所以特别喜爱。有一个中国信徒终于不能控制占有欲，从教堂偷了三棱镜逃往广州。恰巧此时地方官员们要到利玛窦宅中欲借三棱镜观看河道与船景的折射影像取乐，知失窃一事，竟追捕那人还用了重刑，那人伤重死了。利玛窦遇到没钱时会高价卖掉三棱镜，有一次卖了二十金币。他到江西吉安，也拿三棱镜向官员行贿，希望人家带他进南京传教。他的三大中国学生之一的瞿太素也得到一只三棱镜，瞿太素高兴得为这件宝贝系上金链，装入银盒；有人向他出五百金欲购之，瞿仍不为所动，后来卖出了更高价，用这钱偿还了债务。

三棱方位镜

当中国人将三棱镜用来取乐时，牛顿则用三棱镜做研究，发现了光谱和色差以及滤波镜，进而促成他发明了反射望远镜。而在航海和测量中，三棱镜也有实际用处，有一种棱镜罗盘就是用三棱镜来读数的。它还被当作方位镜（Azimuth Mirror），是一种架在航海罗盘上的辅助仪器。当船舶要确定与岸上的方位时，首先要选中陆上的标志，让船与这个标志连成一条直线，而光线是最直的，这时要用上三棱镜。岸上标志的折射映像、仪器上小标杆、仪器放大镜下的罗盘指标三者重合时，罗盘读数就是船舶方位了。1877 年，英国数学家与物理学家威廉·汤姆生即开尔文勋爵（William Thomson，Lord Kelvin）发明了这个仪器并申请专利。1966年，美国海军天文台为了纪念这仪器的功劳，将开尔文勋爵早年的一台方位镜送往史密森学会收藏。有很多仪器与装置，在中国就如同三棱镜，都是被赋予了"闲职"，没发挥出它本身的功能，比如罗盘、钟表、常平架，后面章节中会更多谈到这种现象。

迈克尔逊干涉仪促成爱因斯坦相对论

我在网上看到有人在出售迈克尔逊干涉仪（Michelson interferometer），我也很想有一台这种光学仪器，但觉得网上那台的年代与材质没达到我的收藏标准。就像望远镜之于伽利略与牛顿宇宙论形成的促进作用，迈克尔逊干涉仪对于爱因斯坦宇宙论的创立也功莫大焉。在牛顿时代，对于光的传导问题，一直认为是"以太"这种奇妙物质为媒介的。以太的来源最早可追溯到古希腊水晶球宇宙论时代，那种水晶似透明，像气体样流动可穿透，而又是具有固体属性的天球，也可称为"第五种元素"，与西方的土水火气四元素区别。很多宇宙论都不承认虚空的存在，因此说宇宙中充斥着很多以太，笛卡儿的宇宙论是一种漩涡体系，或者叫陀飞轮体系；惠更斯宇宙论也是一种小漩涡体系。这些漩涡都是由以太构成的。当光在以太中运行时，地球也在太空中穿过以太这种弥漫的物质。假若地球运动方向与光的运行方向相同，那么我们在地球上见到的光的实际速度，应该是地球速度与光速的和；反之，当与光运行方向相反时则是二速的差，即由光速减去地球速度。真是这样的吗？

经典的迈克尔逊干涉仪

美国物理学家迈克尔逊（Albert Michelson）非常巧妙地发明了一种光波干涉仪，做了一个著名的实验来验证上述说法。他让光源发出一束很细的光，通过一面半镀银的 45 度角放置的镜子，光线就发生分裂，一脉呈 90 度反射出去，而另一脉则通过未镀银的部分继续前行。这样的形式很像我们前面谈到过的双反射六分仪呢。这两脉光束走了相同距离后都遇上一面镜子，原路又返回。让其中一脉光束与地球运动方向重合，另一脉光束则与地球运动垂直即大致上不受地球运动影响。按计算结果，与地球运动重合的光束，其速度先是光速加地速，后是光速减地速，一个来回总的速度将会比那脉不受地球影响的光束的速度要慢。这两束光返回后，若是速度发生差异，必然反映在两束光的振荡幅度不同步，也就是所谓有了"相位差"，光学上叫"干涉"现象。只需把两束光的光路旋转九十度，互换角色后再试一次，比较两次的相位差，就会相当精确。

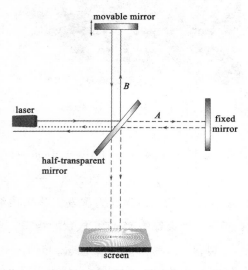

迈克尔逊干涉仪原理

1881 年，第一架铜制的（这种材料感觉真好）迈克尔逊干涉仪在德国制成，多亏了贝尔电话公司的信用资助。实验结果显示，两束光没有时间差。这说明，地球不存在穿过以太的运动。也即说，地球运动不影响光速。实际上，光速与光源的速度无关，任何人无论他处于什么位置，做什么相对运动或者静止，看到的光速都是一样的。换句话说，所谓绝对速度，因为以太的不可把握（实际上是不存在，只是当时还不敢下结论）而在宇宙中失却了参照系。爱因斯坦正是从这个实验得到启发，他认为，根本上速度就是个相对概念。而速度的两个孪生兄弟距离和时间，也是相对的。趋向光速中，时间在变慢，物体在运动方向上的尺度也在变短，而物体的质量却在变得无限大，质量与能量在互相转化着。光线不是在欧几里得空间中的走最短直线了，而是在一个双曲面式的弯曲的时空中走着"短程线"，正像从北京到纽约的飞机绕着地球"大圆"航线才是最短的一样。短程线由宇宙的曲率决定，而曲率由物体的质量决定。牛顿的引力被弯曲时空的短程线取代了。宇宙构建了一个新模型。

中西方罗盘之际遇

磁力线上的两个偏角

前面谈到棱镜罗盘，我曾在武汉的文物集市上收购到一个老货。那天是周六，突然接到藏友邓小艇的电话，说他在文物市场碰到一个稀罕的英国铜壳罗盘仪，价格合适，让我快来看看。这个藏友出生航海世家，虽然现在的藏趣在玉器和瓷器，但对于测量仪器仍有天生加职业的敏感。有次我淘了本1952年版的《航海问答手册》，打电话请教他，他脱口就问：首席编译是不是林天熹？果然是内行。

我买下了这个棱镜测量罗盘仪（Prismatic Survey Compass），12厘米直径，盘上有个带铰链的可放大的三棱镜，还附有觇标、制动钮和两个滤镜，盘下可接三足架。与一般罗盘不同，它的所有刻度数字全是90度镜像；另一个不同是磁针南极标为360度也就是0度，而北极则标为180度，与平常罗盘正好相反。但是你一旦是通过三棱镜观看读

南半球棱镜罗盘

数，那就正过来了。其实这两个不同处乃是因为棱镜有45度反射而特制的。回头再看罗盘盖上的标识：T. Cooke&Sons（托马斯·库克父子公司），下面是伦敦、约克、开普敦的地名。托马斯·库克公司是创于十九世纪的英国著名仪器公司，以折射望远镜最有名。1898年后，公司总部由约克迁往伦敦，但工厂仍留在约克，不久又在南非开普敦设立分公司。也是从这年后产品标识上开始出现这三个地名。1922年公司与乔夫顿-西蒙斯公司合并，名称改为Cooke，Troughton&Simms。可见，这个罗盘应该是库克公司于1898—1922年间在南非分公司生产的。我前面说过，国外仪器的生产商名，其变化常常能标示其生产年代。而且它不仅是在南非生产，也是用于南半球的，这正是该罗盘仪在中国少见的原因。

我何以这样肯定说呢，难道罗盘仪还有南北半球的差异吗？当然，这个差异就表现在它的磁针上。正规的罗盘仪磁针上，都有一个铜箍，我们一般比较多地在"地质罗盘"上能见到铜箍，且是箍在磁针南极部分。而我这个罗盘却是箍在北极部分。

铜箍显然是一种配重，就像天平的砝码。这说明，磁针在垂直面上是倾斜的，北半球磁针向北面磁极倾斜，南半球磁针向南面磁极倾斜，这叫"磁倾角"。相比而言，我们可能更多地知道"磁偏角"，即磁针在水平面上的偏斜。中国是指南针的发明国度，对于磁现象也是最早有记载的，北宋的沈括，很熟悉吧，他的《梦溪笔谈》是中国一部描述性的科学著作。这本书中就谈到了磁偏角。在他更早，一些堪舆师在看风水的实践中就发现了磁针的指向并非真正是地理南北极，而是有一个偏角，且随着所在地不同，这个差角也不相同。北宋曾公亮在《武经备要》中甚至注意到磁倾角。在西方，一般认为是哥伦布以后大航海时代才普遍注意到这种现象。不过西方的学者们如十六世纪的英国人吉尔伯特，就专门研究了磁的课题，发现了磁性与温度的关系、静电与磁性的区别以及地球磁场的磁力线，磁偏角与磁倾角都可以理解为是磁针在地球磁场的磁力线上指向南北磁极的现象，它们与地球的南北极只是接近而存有偏差，这个偏差也不固定，地球的南北磁极甚至可能会掉个个来。

地质罗盘是地质学者职业的象征，就像医生的听诊器，其正式名称是"布伦顿袖珍经纬仪（Brunton Pocket Transit）"。既叫经纬仪，那就一定是能测水平方位角，也能测垂直高度角，所以地质罗盘有水平磁针也有斜度悬锥。北半球上因为磁倾角会使磁针向北倾斜，所以都会在南磁针部分加上铜箍。至于水平面上的磁偏角调整，则靠一个齿轮微调，能转动方位刻度盘适应这个偏差。地质罗盘的水平刻度盘是"上北下南左东右西"，方位度数也是倒过来逆时针排列的。原来地质学家使用它时要立即读出方位角（正北到目标的顺时针夹角），他们将瞄准器对准目标，指北针北端所指度数就是方位角度数。要想这样，刻度非得反过来标示不可。

加拿大地矿工程师大卫·威廉·布伦顿（David William Brunton）在 1894 年发明了地质罗盘，由美国丹佛的 William Ainsworth 公司生产。但专利失效后，很多厂商生产同样的产品都这么泛称。今天它的正宗血缘是世界上最大的指北针生产商瑞典 Silva Production 公司的产品。

从十六世纪以来，欧洲地理学家就有意测量编制各地不同的磁偏角与磁倾角的数据，以备航海与

澳门海事博物馆藏经典倾针仪

制海图所用。而且在航海中还专门备有测量磁倾角的仪器。比如老式的倾针仪（Dip Needle），它让磁针在南北方向的垂直面上自由转动，它必然会倾斜，此时用叉杆将磁针上的一个配重来回滑动，使磁针平衡，读出磁针上的刻度，就是当地的磁倾角。

正在西方得指南针之便，扬帆海洋开拓疆土时，在中国，这个指南针的发源地，指南针更多的是作为堪舆师们看风水的工具。中国的三合罗盘由三层二十四方位构成，反映出了磁偏角。其中的"地盘正针"层，指的就是以磁针子午线即南北磁极为准的方位环。唐代人们发现长安磁偏角是北偏东七度半，以此真地理南北子午线为准的方位环，就叫"天盘缝针"。到了南宋时，杭州的磁偏角是北偏西七度半，以此真地理南北子午线为准的方位环就叫"人盘中针"。后来人们加上易卦六十四圈层，形成内容庞大的多圈层风水罗盘，罗盘三针也各用作不同的风水定位。今天新产的风水罗盘，最外圈往往是加了西方的 360 度圈环，其实中国传统的圆周是按 365 又四分之一度划分的，以与一个回归年的日数相合。我在购物网上搜寻罗盘的资讯，绝大多数都是这种风水罗盘，不要说科学在中国是如何的繁荣昌盛，其实繁荣的只是对实用技术的引入，或者叫"西学为用"吧，思想深处，科学精神远没有成为中国大众的思维方式，否则，科学收藏也不会如此地寥若晨星。

香熏球和卡当悬挂

对罗盘仪航海有重大作用的装置"常平架（平衡环）"（Gimbal），与指南针一样，也是中国人最早的发明，可是它的际遇也一样中西泾渭分明。那种镀银镂空的香熏球"被中香炉"是很多茶艺爱好者喜欢收藏的器具，它的巧妙处是在外壳内套装有两层转环，而盛香的小盂则用第三个轴挂在内环上，三个轴在空间上相互垂直，无论香炉外壳如何颠簸，香盂都会保持水平。出门在外，放置车上或袖中都没问题。司马相如在《美人赋》中最先提到这个东西，说是一个叫房风的人发明的，但较可信的资料还是要推《西京杂记》中所载的汉朝丁缓在 189 年发明了它。现在传世的有唐朝的实物，据说武则天很爱用。另一种正月十五舞龙灯时用的滚灯也用到这个原理，叫"联锁轴"。

被中香炉

西方认为常平架的发明人是古希腊时期"拜占庭的菲洛（Philo of Byzantium）"，他在公元前两百多年时发明了一个八面墨水瓶，每面都开口。它装在一系列同心的金属环上，随意旋转使八面任一面朝上，都能由其开口蘸上墨水而不致让墨水洒出来，因为瓶心的墨水池是永远保持水平的。也许常平架的发明都是为了玩乐。"拜占庭的菲洛"的发明都出自他的一本书，但其中一部分包括常平架的描述，被公认为来自一个九世纪的阿拉伯文献，所以有人如著名汉学家李约瑟就怀疑这些发明是否混入了其他的来源甚至是他人作品的篡改。

北京奥运会开幕式上张艺谋将司南、日晷和活字等中国发明物用得太绝了，他为什么就没用上这个被中香炉呢？这同样是一个伟大的发明。想想看，它像陀螺一样自动保持水平，如果把盛香的小盂换成指南针或者地平日晷，在车马颠簸的航行中确定时间和方位是多么重要。清宫中还保留下一个外国人献的游动地平公晷仪，把地平日晷、罗盘装在三环的常平架上，中国的三大发明物被外国人组装在一起了。

常平架上航海罗盘

从科学上说，它是应用了重力系统下静态平衡原理。一个刚体可以在三个自由度旋转，在重力下，其实只需要两个自由度即两个垂直的轴向，用不着围绕竖直轴在地面平行旋转的第三维（yaw axis）。所以，一般装置了常平架的罗盘或航海钟之类都只有两个转轴（pitch axis，roll axis）。

有意思的是，常平架在西方还俗称为"卡当悬挂（Cardan suspension）"，意大利十六世纪文艺复兴时期大学者吉罗拉姆·卡尔达诺（卡当）曾描述过这种装置的各种应用。他最早描述这种装置的细节，并说可以将罗盘置于其上，却并没有申请它的发明专利，甚至没有做出实物来。1629年意大利工程师乔凡尼·白兰卡提出利用常平架来减轻车辆在颠簸不平的道路上震动，这恐怕是常平架最早应用于车辆的悬挂系统。现在汽车的悬挂系统就是来源于卡当关于常平架应用的天才想像。后来一系列利用常平架的物体都冠之以"卡当悬挂"。1545年沉没的英国玛丽玫瑰号，上面装置了最早的航海常平架罗盘仪，用玻璃做蒙的罗盘放在盒子里，盒子置于青铜常平架上。后来航海罗盘和航海时钟都是要这样装在常平架上。再看在中国，常平架的记录。我们今天都在爱车上放一瓶香水座，这是个传统，汉朝时就是在车中挂个丁缓的被中香炉——常平架香炉。"春雨依微春尚早，长安贵游爱芳草。宝马横来下建章，香车却转避驰道。"韦应物《长安道》写的就是这种"香车宝马"。一个玩具而已。

附：伟大的无赖卡当其人

卡尔达诺（Girolamo Cardano），英文名卡当（Jerome Cardan），是十六世纪意大利人，其父是达·芬奇的朋友。此人在文艺复兴时期是非常重要也特别有趣的一个人，他属于那种只产于那个时代的"百科全书"式的学者，在数学、医学、力学、哲学、星占学各方面都有卓越贡献，却也是一个著名的无赖。数学史上关于一元三次方程的一般解法又叫"卡当公式"，实在是有点冤枉。当初数学家费罗（Scipine del Ferro）第一次解出了不含二次项的不完全三次方程，并在死前传于学生费约（Antonio Fior）。此时另一个大数学家尼古拉·芳汀纳（Nicolo Fontana）独自发明了不含一次项的不完全三次方程解法，他迫使费约在 1535 年答应举办一个辩论会，各提问题三十，约定五十日内搞定。此时尼古拉刻苦钻研，竟破获所有三次方程的一般解法，于是在辩论会期间，只花了两小时就全部破解费约的出题，费约大败。卡当闻之，力邀尼古拉到米兰，再三恳求授以秘法，并许诺保密，尼古拉上了当，传说以二十五行诗告诉了卡当。结果卡当居然在他的大作《大术》（又译《大法》、《技术大观》）中附上这公式出版，还做了证明。虽然卡当也提到了费罗和尼古拉的名，但这种不守约的做法激怒了尼古拉，这位六岁时因被人伤舌而讷于言的结巴（他的浑名塔尔塔格利亚 Tartaglia 即结巴意），又向卡当提起挑战，并与卡当门徒费拉里（Lodovico Ferrari）公开辩论，却不分胜负。公正而言，卡尔达诺在解三次方程过程中做了不少贡献，他第一个允许二次方程和三次方程负根存在，指出了负数开平方的虚数问题。不过，他与学生费拉里发明的四次方程解法，后来却以另一个数学家，即虚数概念创始人拉斐尔·波姆伯里（Raphael Bombelli）命名，哈哈，这有点遭报应的感觉了。

乔凡尼白兰卡的平衡环减震车

卡尔达诺说过，人一生做学问外，最不能不尝试的一件事就是赌博。他为此还著了一本书叫《赌博游戏》，是最早提出概率论的人。后来，另一个赌徒也是少有的天才数学与科学家帕斯卡，就是那个前面谈到的机械计算机的发明人，最终创立了概率论，著名的"帕斯卡三角"现在在小学奥数中都是必学的定理。卡尔达诺通过占星术推算出自己将在 1576 年 9 月 21 日去世，但是到那一天时，他毫无要离开尘世的迹象，为了不玷污自己的名声，他自杀了。

在西方有四个写自传闻名的人，圣人奥古斯丁的《忏悔录》、卢梭的《忏悔录》甚至西方"登徒子"卡萨诺瓦自传精选《我的生平》均有中文译作，独不见卡尔达诺的《我的生平》，可惜。

故宫与天主堂形影相随

两种晷的数学与文化

时间的最早度量，不管在什么文明中，都是依赖星辰运动的周而复始，而其中最重要的一个星就是太阳。测量太阳或者不如说测量太阳的投影。中国人和欧洲人很早就独立发明了自己的太阳投影测时法，有兴趣的人可以到河南登封古阳城的元代郭守敬观象台看看，可知道，中国人在古代是如何建立了如此完备的天文设施来测量天体高度，并以此为制定《授时历》的基础。日晷就是以太阳为依据测定时间的主要仪器，中国发明了平行于天球赤道的赤道日晷；而西方人除了赤道日晷外，主要发展出了平行于地平的地平日晷。不要以为这只是两种不同方式的日晷，实际上它反映出的是中西方在几何数学上的重大差别。地平日晷的制作，要有相当水平的射影几何和球体几何知识。

中国传统日晷流传下来的只有极少几个石制的

残件，如著名的和珅藏晷。后人分析都是属于赤道
日晷（equator sundial）。我们知道，日晷由两大部
分构成，一是有刻度的晷盘，一是立于晷盘上的晷
针，所谓赤道式，就是指晷盘与地球赤道或天赤道
平行，晷针则垂直晷盘指向北天极（北半球）。如
果知道当地的纬度，则用九十度减去纬度的差，就
是晷盘的倾斜度。晷针的长度是晷盘的半径与太阳
在当地夏至时赤纬度数的正弦值的乘积。为什么是
夏至时呢，因为夏至时太阳最高，影长最短，晷针
必须满足影最短时能达到晷盘边缘的刻度的位置。
同理，春秋分时，太阳影子直射晷盘沿，晷针影是
看不到的。而当冬至时阳光射在晷盘朝南的倾向地
面的那一面，所以，赤道日晷是双面计时。这种现
象，住在城里的人可能感觉不深，但当面临一生中
的大事——购楼花买房屋时，也会体会到，都要朝
南的。为什么？房间朝北，则冬天太阳偏南，你想
要的阳光照不到你房里；夏天太阳偏北，你要躲的
阳光偏偏正射你房中。不过，有一种改进型的赤道
环晷，做成空心环状，阳光无论何时都能射在内环
面上。

　　赤道日晷的时刻线是以晷针为圆心的等分辐射
线，形成的扇形弧是半个圆周多一点的优弧。而且
晷针影的长短随着一年中日期变化，也有变化，将
这种变化连成轨迹，就成一系列的同心圆圈，这些
圈也叫赤道日晷的节气线，一般标上二十四节气名

（西方是黄道十二宫），分两半标在正反两面盘上，显示着月日历。正是因为赤道日晷的双面性，以及二分前后无晷影，西方更多地使用地平日晷（horizontal sundial）。在国外博物馆留下了大量的地平晷，在故宫博物院收藏品中也有传教士们带入的非常精致的铜制或象牙制的地平晷。地平晷的晷盘水平置于地面，晷针则斜向直指北天极（北半球）。晷针与晷盘的夹角等于当地纬度。晷针所在垂直于晷盘的三角形面其实也就是当地的子午面。它落在晷盘面上的线就是子午线，代表中午 12 时线，以晷针脚为圆心，放射状的都是时刻线。在北半球，12 时线以西的是上午时刻线，以东的是下午时刻线。学英文的都知道上午是 am，下午是 pm，这就是来源于日晷盘，分别表示 12 时线之西的 ante meridiem（子午线前）和 12 时线东的 post meridiem（子午线后）。但各条时刻线与 12 时线的夹角，并非相等的整数倍关系，这与赤道日晷的均匀辐射线不同。不过，这些不同的夹角都是随着晷所在的纬度不同而有一种函数关系，越靠近赤道越聚集于12 时线处，在整个晷面上显得疏密不均，最后，在赤道上都重合于 12 时线，没有了时刻线。而在北极则是完全均匀的时刻线，与赤道晷无异了。所以，地平晷不宜于赤道附近以内 15 度的地区。

若以在一定距离处与 12 时线垂直交会的水平线为双曲线的虚轴，则南北一系列对称的近似于双曲线的刻线叫节气线，"虚轴"就是二分线（春秋分）。晷针影游移在节气线区间内的时刻线上，大致就是日历上的时间，相当于今天的双日历手表呢。

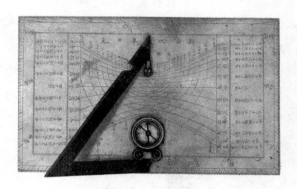

故宫汤若望新款地平日晷晷面

比较一下赤道晷与地平晷，可知，太阳视运动相对于赤道面上是均匀的，但相对于任一纬度的地平面则呈现一种不均匀性，古希腊人很早就研究圆锥曲线和投影几何，所以能够画出地平晷中以及垂直晷中的不均匀刻度线来，但中国并无这方面数学知识。隋朝时袁充发明了"短影平仪"，相当于一种地平日晷的尝试，用来较正计时滴漏（相当于沙漏不过滴下的是水）的时间。他把仪器刻成赤道晷一样均匀的时刻线，却发现与均匀的滴漏时间对不上。他不了解地平晷的投影原理，居然提出削足适履的办法，要把滴漏的均匀时刻改为不均匀以与他的短影平仪相适合。中国的地平晷尝试至此打回，再无发展，直到明后期利玛窦来华带入大量的地平晷和垂直晷，国人呼之为"洋晷"。故宫博物院的藏品中有一个八面形的地平公晷仪，它在晷盘上刻有与四种不同纬度相适应的四圈不均匀时刻线，晷针也相应可调整倾角。这样就可以在四个不同地区使用地平日晷了。凡是这种可调节晷针倾角适应多个地区使用的日晷，那时都叫"公晷仪"。

故宫铜镀金八角赤道公晷仪

欧美文化中对日晷的爱好很深，人们常常将日晷特别订制成与某人生日或某事日子有关的礼物。比如两个国家的两个姊妹城，他们会做成一个容两个城市不同时刻线的地平日晷。还爱把格言甚至曲谱刻在日晷上。比如这样的格言：A day without sunshine is like a meal without wine（无阳光的日子就像无葡萄酒之宴）、Serene stand amidst the flowers to tell the passage of the hours（静立花丛中叹时光流逝），后一句很有点"子在川上曰，逝者如斯夫"的意味了。理性就是这样与艺术相糅合，渗入到文化的细缝中，无孔不入。理性美与感性美的侧重，中西文化中这是一个重大的差异。

形形色色晷文化

更让人印象深刻的是，西方国家的广场纪念碑、教堂、大学建筑，甚至墓碑设计中都常以日晷为装饰，并以它作为城市时间的标记，后来就发展为机械钟的钟塔，像武汉江汉关一类。这种传统可追溯到古希腊古罗马时代。最常用于这种公共设施的日晷是垂直日晷。公元前一世纪，雅典建立的著名八角风塔，八个面上有代表不同风向的天神浮雕，同时也装有八个垂直日晷。顶上还有水钟和风向标。以理性立国，以海洋立国的文化精神昭然若揭。

垂直日晷（vertical sundial）是以墙面为晷面，上立晷针，其中之一是南北立晷，墙面南北向。它的时刻线与地平晷一样，不过朝向不同而已。朝南的立晷与朝北的立晷各有半年没有阳光射入，因此它们都是做成一组合并使用。另一种是东西立晷，

武昌花园山天主堂面南日晷

又叫子午晷，它的时刻线、节气线与前述的晷不同，像斜挂着的一柄扫帚，其中与地轴平行的间隔不同的时刻线，就是捆扫帚的绳子。它也是成对的，向东的立晷指示上午时间，向西的立晷指示下午时间。

极向日晷（polar sundial）常常做成书本形式，晷面平行于地轴，中央书脊是晷针，斜指向北天极（北半球），时刻线就是一组以晷针为中轴的平行线，越向两边越疏，很像光谱排列。它的节气线是呈双曲线的弧形上下截时刻线。文艺复兴时候人们为了炫耀数学知识天文知识，就故意把各种日晷组合一起弄成多面体组合晷（poly-hedral sundial），如德国仪器大师汉斯·科赫于1578年为乌腾堡公爵制造了一台铜镀金25面立体晷。这正像以后的钟表也有将各种计时方式组合一处炫耀一样。

柱式日晷也叫牧羊人晷（shepherd sundial），一个圆柱体，晷针在侧面上部伸出，与柱体长短成一定比例。太阳投影在柱体上的一组类似于箕舌线的时间刻度上移动，以长短来指示时间。时刻线又与柱侧面上垂直向下的各条标有月份的节气线相交，用时要将晷针旋转与另一端的月份相对应。

有一种日晷很特别，虽不能当作仪器收藏，却颇有科学涵义，它就是反射式日晷（reflection sundial）。用窗口水平放置的平面镜将阳光反射进房内的天花板，将一年内光斑的各时间轨迹用线连接起来，在这样宽阔的晷面上你会发现，原来时刻线并非简单的放射状直线，而是一条条长短不同的8字线，每一条8字线就代表一年中每一天某一时刻的位置，或者说，每个8字线上的相同位置，都代表同一天的时间。原来，我们用日晷测出的当地时间只是"当地的真太阳时"，以当地太阳通过天顶之时为准，两次通过的间隔相当于一日。它的轨迹就是这条8字形线。这种时间并不均匀，因为我们在前面谈过，开普勒第二行星定律表现出行星公转的非匀速性，地球在近日点附近运转最快，而且地球自转与公转有个23度27分的交角即黄赤交角，这会使斜向的太阳视运动在天球赤经上的位置移动不相等。真太阳时不能做标准，所以人们假想用一个以地球绕日平均速度及太阳黄道平均视运动速度为标准建立的"平太阳时"来计量时间，它的轨迹就是一条直线，纵贯8字线。

真太阳时与平太阳时的差叫"时差"，我们可以用正负时差为横轴，以太阳赤纬为纵轴，将8字线放入其中，则可以发现，每年有四天时差为零，即平太阳时的直线穿过8字线的地方；又有四天是极大（正值）与极小（负值）时差日，即8字线上下两个环各自的横截线穿过处。

这条8字线很有名，叫"安娜烈玛（Analemma）"，即"日行迹"，我们在北京建国门外古观象台后花园上的日晷上能看到真实的它，它用来修正日晷的观测值，令其变换为平太阳时。日晷还需要的另一个修正则是时区修正或者经度修正，比如在中国，我们要将当地平太阳时再变换为北京标准时。经过两次修正后，日晷就与钟表时间一致了。很多日晷上都附有安娜烈玛线，或者是等效的时差变化曲线（纵轴为正负时差，横轴是日历），以铜镀金或象牙的贵重材料再套在鲨鱼皮袋内，这就是贵族绅士们随身携带的玩物，在明清的中国，也是上层社会时尚的活计。你可能会笑，既然有钟表了还用这个日晷，还要修正值，多麻烦。可是你要知道，当初钟表刚出世时每天快慢数十分钟是常事，还非得用日晷来校准呢。

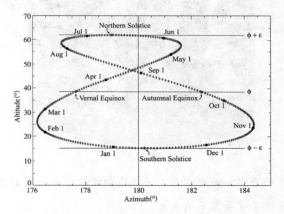

格林威治地方的 Analemma 安娜烈玛线

附：油画《两大使》

　　形形色色的日晷及前面提及的一些古仪器，在西方有一幅名画中集中展示，它就是 1533 年德国小汉斯·荷尔拜因（Hans Holbein the Younger）的橡木油画《两大使》（The Ambassadors），全画只有两个人和一个满载物品的二层木架，但是它却非常完整地表现了西方文艺复兴盛期各个领域的状况。发源于意大利的文艺复兴运动持续近四百年，是西方进入现代社会的一次巨大全面的变革。专家们说画中断了弦的诗琴象征着世俗国家与天主教

皇的冲突，而那本马丁·路德翻译的赞美诗则更是表现了宗教改革的成果。

不久前马基雅维里和卡斯蒂里昂分别出版了《君主论》和《廷臣论》，外交使节成为流行的政治手段。画中的二人是法王弗兰西斯一世派往英国的大使，试图劝说英王亨利八世与法王以及土耳其苏丹苏莱曼一世结盟以对抗西班牙国王兼神圣罗马帝国皇帝查理五世。其时，亨利八世正欲休了来自西班牙阿拉贡王族的王后凯瑟琳而与新欢安妮·波莲结婚，因此结怨于西班牙和盟友罗马教皇克莱蒙七世，于是他索性自立国教。《乌托邦》作者莫尔大法官反对这个新婚姻，被英王斩首，而荷尔拜因曾为莫尔画了肖像。

画中有本数学计算手册，是当时商业学校计算利润盈亏的必读之物。还有一个地球仪，哥伦布刚

刚环绕了地球，而墨卡托的地图投影法即将出现。地理大发现引发的全球贸易正是文艺复兴的基础。

这时期，哥白尼写出了《天球运行论》初稿，正犹豫该不该发表；而雷吉奥蒙塔努斯（缪勒）正好出版了《三角集成》。数学和天文学的革命标志着科学复兴的开始，所以画中架上有天球仪、简单象限仪、桌式象限仪、赤基黄道仪、折叠矩尺、圆规以及小地平日晷、多面体组合日晷、牧羊人柱式日晷这些天文仪器。

赞美诗上的乐谱是五条线，表明经过五百年的发展，五线谱趋近成熟。旁边有长笛，它是少有的音色最纯净的乐器，二百多年后傅里叶证明了长笛的第二泛音以下的振幅皆很弱。画前的那个变形骷髅头，则是荷兰画派应用此时发明的失真透视法的例子，为巴洛克画风埋下了伏笔。就反映文艺复兴的综合全面程度而言，称这幅画为西方的《清明上河图》当之无愧。

以科学文化作为题材、背景的画作在西方屡见，大家如丢勒、达·芬奇、小荷尔拜因以及后来的埃舍尔、康定斯基都是擅长者。中国科学史家刘杰曾记述他在英国买到了一本1997年出版的《艺术的科学》，专门谈伦敦国立美术馆中那些科学史与艺术史相结合的作品。《两大使》就收藏在那里。

时间里的测量

钟表的核心一擒一纵

在故宫博物院有一千多只钟表藏品，构成中国最大的仪器收藏类别。利玛窦、罗明坚在明朝时带入中国的自鸣钟是西方计时机械第一次进入中国，从万历皇帝起，历代皇帝都对钟表情有独钟，到乾隆皇帝时，这种爱好更是无以复加，钟表的用材、装饰以及玩具功能都千奇百怪，登峰造极。其中一些玩具功能还是应用了一些科学原理与技术手段的，值得一提，如法国进贡的滚钟，虽然是依靠古老的重力源，但它不是用重力锤，而是让带细齿的圆钟沿一个十度倾斜的木板缓缓滚下，24小时滚到底。在这个自由落体的过程中，机芯自身因重力平衡保持方位不变，与机芯连着的表盘也不动；这一动一静相当于擒纵机构，控制了重力的均匀输出。还有一种滚球压力钟，以巧妙的钢球滚动作为动力源也作为擒纵器控制动力输出。但是大多数的皇宫收藏钟表都是纯粹的奢华铺张而与理性无缘。这种审美心理一直延续到今天的中国，当富人们一掷千金追求多少镶钻石宝石与黄金白金的表壳表盘时，他们并不会想到钟表所寄寓的科学与西方文明的一面。因此，我认为的钟表收藏是着眼于它在科学史文化史上的地位。本书开篇就说过，计时工具发展史可以说相当程度地代表了科学发展史，很多新的科学原理与技术手段，都是追求计时工具的精益求精过程中的"副产品"。而且计时器的革命直接促使了西方殖民主义的原始积累，甚至变革了我们对宇宙的观点。

中国北宋时苏颂的水运仪象台作为"水钟"的集大成者，已得到世界认可。不过以水为动力源极不方便，因此真正的机械钟表的产生，一般而言是在13世纪时的英国、法国、德国、西班牙与意大利。早期时钟的动力源是重锤，像辘轳水井一样，缠着长绳的重锤自由下落时，会愈来愈快。前面说过，伽利略的落体定律已经证实这是一种匀加速运动。因此，必须不断施加一种暂时的力以制动下落，使之落落停停，尽量趋向匀速运动，辘轳带动的指针才能均匀地转动和指示时间间隔。这样的一种能擒能纵的机构就是钟表的核心部件——擒纵器。第一个擒纵器叫 foliot balance，译作"心轴平衡摆轮"。平衡摆像极了一个挑着两桶水的扁担，两桶水就是平衡和维持惯性的重物。摆装在长长的"心轴"上，轴上两个呈九十度夹角凸起的板，叫

palette，正好分别与重锤带动的擒纵齿轮的直径两端相对啮合。擒纵齿轮上的齿，与轮盘相垂直，呈不对称的单斜三角状，即一个斜面长而缓，另一个斜面稍稍倒覆着，总的来说，因其外形类似欧洲王冠而名之以"冕状轮"，冕状擒纵轮在钟表结构中极有名。这样一来，冕状轮一转动，心轴上一个凸板会被轮上的齿推开，带动心轴与上面的摆逆时针旋转四分之一圈，此时另一个凸板被轮齿挂住，心轴暂停；随即这凸板也会被轮齿推开，带动心轴和其上的摆顺时针旋转四分之一圈……周而复始，看上去摆就交替做着正反向四分之一圈的旋转，而擒纵轮却被心轴上的凸板弄得走走停停。只要将各零件的尺度和质量设计得恰到好处，擒纵轮就会带动指针依时间间隔匀速跳行。

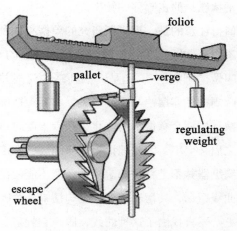

foliot 平衡摆与冕状擒纵器

擒纵器的一次重大变革是重力单摆的应用。正像在比萨斜塔上做落球实验一样，伽利略在比萨大教堂里也做了一次举世闻名的实验。他看着高高的吊灯在晃动，忽然来了灵感，用自己的脉搏计算晃动的周期（那时他还没有怀表呢），得出了单摆的振幅原理，即单摆往返时间只与摆长有关，而与摆重、摆幅弧距、推力无关。他认为可以利用单摆的这种等时性，制成钟表的擒纵器。后来荷兰的惠更斯也在他的论文与书中发表了他对单摆的研究成果，并扩展为圆周运动的离心力定律，为牛顿的引力定律奠定了一个基础。同时，他委托钟表匠科斯特于1656年制出了第一台单摆钟。它的擒纵轮与一个锚状物（即著名的锚状擒纵器）两端反复咬合与松开，带动叉杆连同钟摆摆动，单摆的速率就控制了擒纵轮的走与停的频率。

值得注意的是，惠更斯研究的单摆和伽利略的有所不同。伽氏的那种单摆都是在圆周上的运动，因此叫做"圆周摆"。但是，伽利略的观察并不精确，圆周摆并非摆幅与周期无关，实际上摆幅变化时，摆动周期会有很小的变化，在六十度时达到最大，之后又变小。因此理论上，靠圆周摆来控制时钟的擒纵器并不是精确的。那么，能不能使摆沿着一条曲线摆动，其摆动周期完全与摆幅无关呢？后来惠更斯还真找出了这种曲线，原来它就是我们在前面讲本轮—均轮行星模型时谈到过的摆线。假如

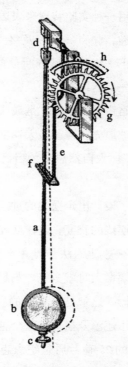

单摆与锚状擒纵器

以这种曲线做成轨道，将几个小球置于轨道的不同
高度处同时放下，它们将同时到达最低点，在一个
周期内同时回到各自的出发点。如果钟摆是走的这
种摆线，它就会是完全等时，所以摆线又叫"等
时曲线"。伽利略曾提出过一个命题："一个质点
在重力作用下，从一个给定点到不在它垂直下方的
另一点轨道，如果不计摩擦力，问沿着什么线滑下

所需时间最短。"他说是圆弧最短。这个命题在很多科技馆中都用一种实验装置来表达：一条直线和一条圆弧线轨道，起点高度以及终点高度都相同。两个质量、大小一样的小球同时从起点向下滑落，圆弧线上的球先抵达终点。但是圆弧并不是最快速的轨道，伽利略错了，摆线才是最快的轨道，因为在摆线上的小球最先获得了最大速度。所以摆线还叫"最速降线"。大自然总是为自己寻找最省功的办法！

惠更斯为了设计出走摆线的钟摆，决定当摆幅增大时减小悬摆线的长度，这样就强制摆锤划过一道"摆线"出来。他的法子是用一个绕着悬摆线的限止器在摆幅增大时就多绕一些悬摆线上去，自然使悬摆线变短。这就是惠更斯的"等时摆"。不过它的有效应用还涉及摆重与整个钟摆机构的比例问题。1955 年的 25 荷兰盾是纪念惠更斯的，背面就是一个大大的外摆线或者等时曲线的图案，旁边是惠更斯发明的等时摆。

1715 年，英国钟表大师格拉汉姆（George Graham）为单摆作了一次改革，涉及金属单摆因温度而发生的长度变化。既然单摆的速率只与摆长相关，那么温度致使摆长变化将直接影响时钟的准确。格拉汉姆将黄铜摆锤杆上加了一个盛着水银的玻璃管，当摆锤因温度热胀冷缩时，水银则会反向地胀与缩，使摆长的胀缩抵消，保持有效长度。水银摆在很多老钟和仿古钟上都能见到。

1675 年，惠更斯又改进了过去的 foliot 平衡摆，在上面加了个螺旋弹簧，使平衡摆大大地提高了稳定性，齿轮、摆轴等机件造成的作用力皆被消除，古老的平衡摆也获得单摆一样的自然振荡周期。这种螺旋弹簧就是大名鼎鼎的"游丝"。正如单摆定律与伽利略有争论一样，惠更斯的游丝发明又与另一个英国大科学家，也是弹性定律的发现人罗伯特·胡克相冲突。胡克也独立发明了游丝。胡克在万有引力定律的发现上也与牛顿有激烈的争论。而牛顿在微积分的发明上与德国数学大师莱布尼茨也有著名的争论。科技史上，这样的发明冲突常常不断，因为那是一个思维活跃，创意无限的时代。

贵族化的陀飞轮与芝麻链

今天的名牌机械手表，除了复杂的星象日历和打簧报刻功能，还有一个大噱头是所谓陀飞轮（Tourbillon），宝玑和朗格更做出了天价的陀飞轮加芝麻链，后一个又是个噱头，后面马上谈它。我说它们是噱头，是指现在电子石英表时代，追求精确性早已用不上这两个早年的天才发明了。但是表现人类在时间上和机械上的精益求精，正是钟表收藏的最大乐趣。陀飞轮其实就是让表的摆轮、游丝和擒纵机构整体装在一个一分钟垂直转动一圈的框架上，这样可以在表垂直时，令地心引力对这些调速部件的影响更平均，差异更微小。它的名字来源于笛卡尔的宇宙旋涡。笛卡尔十七世纪时猜想，宇宙里充满了旋涡一样转动的微粒，太阳系就是其中一个旋涡。因为香港矫大羽为陀飞轮的改进做出了巨大贡献，所以一般现代中国人比较熟知陀飞轮之名。这是机械钟表擒纵器的一个精细的改进。

Tourbillon 陀飞轮

前面说到了芝麻链，这涉及发条驱动的钟表出现的一个问题。早年发条的材质不太好，上紧时驱动力就大；等走松了，驱动力也呈强弩之末了。这会使钟表的时间很不均匀，先快后慢。也就是所谓发条张力（力矩）的不均匀现象。解决的方法早

Fusee 芝麻链

期有三种，其一叫 Stackfreed，我们看最早的十五
世纪前期留下的钟表图中，都有这种构造，发条带
动一个偏心凸轮缓慢转动，将会使压着它的弓形弹
簧旋臂渐趋绷紧，或者说是发条的初期过大的张力
会蓄积在旋臂上。等发条张力减弱后，凸轮也向下
旋转，这时的旋臂就渐趋放松，它上面的蓄积的压
力就释放出来，加在驱动轮上。整个过程中输出的
力量都会保持恒定。

　　另一种方法叫均力圆锥轮，就是中国钟表界俗
称之为"芝麻链"的装置。加装一个名叫 Fusee 的
双曲线锥形塔轮。把发条接在一个细链条（所以
叫芝麻链）上，拧紧发条后，所有链子从底到顶
地都绕满塔轮，链端在塔轮的尖端。随着钟表的运

转，链条渐趋绕上发条盒，而在塔轮上逐步松散移向直径较大的底部。这其实是力学上的轮轴原理，本质上是阿基米德杠杆原理：塔轮半径不就是力臂吗？发条紧时对应于较小的力臂，发条松时对应于较大的力臂，输出的力矩始终如一。菜场阿姨用杆秤称白菜时，民工用滑轮组吊预制板时，阿基米德海吹给他一个支点可以撬起地球时，都是这样应用了杠杆原理。大多数芝麻链钟表都包含一种停绕装置，保证主发条和芝麻链不会上得过紧而致折断。当上弦时，塔轮链升至塔轮顶，此时它压下一个杠杆，杠杆将一个金属片置入塔轮边缘一个突出物的路径中，当突出物遇到此金属片时就会阻止进一步上弦。

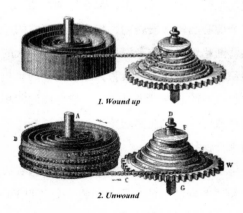

1. Wound up

2. Unwound

两种扭力下的芝麻链塔轮

fusee 这个词源自法语 fusée 和稍后的拉丁语 fusata，意即"绕满线的纺锤"，没有陀飞轮的名字那样有思辨色彩。最早存在的芝麻链钟是勃艮第钟，可能是 1430 年为勃艮第公爵腓力普制造的，现存于德国日耳曼民族博物馆。最早的有确定日期的芝麻链钟是 1525 年布拉格的雅可布·泽奇（Jacob Zech）所制的，不过因在达·芬奇和西方绘画焦点透视发明人布鲁内莱斯基（Filippo Brunelleschi）的手稿中都发现了类似的装置图，比实物记载还早，所以芝麻链倒是染上些艺术色彩呢。

第三种解决方法是发条自身制动。发条最完美的动力输出阶段基本是掐头去尾的那一段，占据发条盒 55% 的空间，发条完全上满和即将放完的时候，力矩最不平稳，波动变化最大，所以要尽可能不使用这段。有一个类似于限制芝麻链上满弦的装置可以限制发条被上得过满和被放得过净，现在某些手表里也有这个结构，根据其形状，称为"马耳他十字"。

后来发条自身的素质提高了，加上可以制动发条，芝麻链表在多数国家都于十九世纪后半期渐渐淡出，惟有英国一直生产到二十世纪初。而它在精密航海计时器中的使用则一直持续到上世纪七十年代。因为它对经典力学原理这样完美的应用，以及在海洋文明中占有一席之地，我很崇拜芝麻链，所以专门收藏了一个厚厚大大的 1890 年英国芝麻链银壳怀表。

航海钟与经度故事

将常平架、芝麻链都应用到钟表上，并创造性地发明了双金属温度补偿摆、蚱蜢式交叉擒纵器、无润滑滚珠轴承等等部件的人，叫约翰·哈里森（John Harriso n），精密航海计时器从他手上诞生，从此欧洲海洋国家有了一件利器，它与约翰·哈德利的八分仪（六分仪前身），还有枪炮和帆船，一同为最终称霸世界立下汗马功劳。

哈里森一号航海钟

帆船在茫茫大洋中如何定位呢？方向定位有罗

盘仪，纬度定位有象限仪、八分仪，但经度呢，却始终没有精确有效的法子定位。英国著名科普作家索贝尔在她的欧美畅销书《经度》中讲到一个令人扼腕长叹的故事，1707年10月的那天，英国海军上将肖威尔爵士的四艘战舰因为大雾迷失了经度，触礁沉没在离英国西南海岸仅20英里的锡利群岛，两千官兵死亡。精疲力竭的肖威尔侥幸被海浪冲到海滩，却因为手上的祖母绿大戒指，被一个早起赶海的贪婪妇人杀害了。此时，法国、西班牙、荷兰等海上大国都纷纷悬赏要求解决经度测量问题，英国也颁布了经度法，征集最好的测量经度方法。英国1714年经度法中规定了最高奖赏是二万英镑（值今天数百万美元），要求误差小于半经度。

纬度可以测量是因为地球相对于南北极是基本恒定的，太阳月亮与北极星等指标星都是纬度确定的参照。但地球在转动，转动面上的星空参照就不易确定，而且以哪一条经线做起始点，当时也没有固定标准。当然，求两个地方的时间差，可以得出经度差。地球一日自转一圈，相当于转过去360度经度，合一小时15度，四分钟一经度，半经度是两分钟。也即说环绕地球一周，按英国经度法规定，时间误差小于两分钟。说这条款苛刻吧，也情有可原。想想看，赤道上半经度的距离是55公里。真可谓差之毫厘，失之千里。可是那个时代帆船要绕地球一周得航行多少日子？平均起来说，基本上是每天误差不能超过三秒钟。再看看那时的钟表误差，平均一日15分钟！

本来用一个出发港口的中午太阳定时的钟表，到达某地时测量当地正午太阳时间，与出发时间的钟表比对时差，即可知航行了多少经度。可是时钟太不准了，而且也没有时钟能耐受得了大海上的气象条件与颠簸。所以，这个简明的法子不是无人知，而是无法用。退而求其本源，既然钟表不过是天体测量确定下的时间间隔，何不直接测量天体呢。此法子虽笨，却精确可靠。因此，法国、英国纷纷成立国家天文台，一大批顶尖级的天文学家与数学家们，焚膏继晷地测量推算恒星位置，编制星表，绘制星图，又测算作为星空指针的月亮和木星等行星的运动规律。就是说，他们将星空当表盘，将月与行星当表针，这是一架巨大的"天钟"。结果是，欧洲国家的天文年历、航海星图等大量基础资料积累下来保存下来，成为宝贵的科学财富。很多天体与航海仪器也为之发明出来，如八分仪、圆仪、六分仪等。

只有英国的小人物，木匠约翰·哈里森与他兄弟二人自学成才，另辟蹊径，设计了可以达到经度法要求的航海精密时计，在著名天文学家、以发现哈雷彗星闻名的哈雷博士和钟表大师格拉汉姆的支持下，哈里森在1735年将一台重达34公斤的大笨钟（哈氏一号）带到了伦敦，次年这台钟随海船

哈里森四号航海钟

航行到葡萄牙里斯本，得到海军首肯。于是经度局召开了成立 25 年来的第一次正式会议，决定让它按要求踏上到西印度群岛的"检验之旅"。不料哈里森是个执著的人，他提出先要改进这台钟。于是到了 1741 年他做出了更重的第二台钟，也经受了一系列航行测试。哈里森仍不满意，说服经度局等了他 19 年，才做出了第三台钟。哈里森还不满意，又花了两年，在 1759 年终于做出了第四台钟（哈氏四号），它只有不到 13 厘米直径不到 1400 克重，是真正实用的航海时计。但是把持经度局的皇家天文学家马斯基林私仪天文测量经度法，对这种机械盒子不屑一顾，刻意刁难。哈里森海钟都被交到皇家天文台，连图纸也上交了，还被要求制出了第五台钟，以证实他的钟确实是能在没有图纸情况下也能复制出的。终于，在 1773 年，因为国王乔治三世干预，哈里森才获得经度奖，并领取余下的8750镑奖金。时间过去了将近四十年。1776年，伟大的库克船长带上哈里森四号钟，还有哈里森钟表匠朋友肯德尔的一号复制钟，进行了他的第三次远洋探险。就是在这次航行中，库克被夏威夷土著人杀死。哈里森也没有亲眼看到他的骄傲、四号钟的卓越表现，他死于库克航行前四个月。

此时，英国与法国的最著名钟表大师们几乎都投入到有远大前程的精密航海计时器（Chronometer）的设计制造当中，这些人包括托马斯·汤平的门徒乔治·格拉汉姆、格拉汉姆的门徒托马斯·马基、杰弗里斯的门徒拉伦·肯德尔、斐迪南·泊叟、皮埃尔·勒罗伊、亨利·莫泰、托马斯·恩肖、约翰·阿诺德父子、亚伯拉罕·百里驹（宝玑）父子。麦哲伦1519年第一次环球航行，携带了21个象限仪、7个水手星盘、18个沙漏、37个罗盘和23幅海图，但仍偏了航。到了1831年，英国"比格尔"号军舰环球航行时，舰上共有22只精密航海计时器，不仅没有迷航，还造就了伟大的达尔文，他在这次随船考察中为《物种起源》的起草搜集了实证，奠定了进化论的基础。

如今，哈里森一至四号航海钟，还有肯德尔一号钟，都存放在格林尼治天文台海事博物馆里，接受着世人的礼拜。而哈氏五号则放在伦敦市政厅钟表制造家博物馆内，陪伴它的有那只哈氏四号钟的灵感来源、杰弗里斯为哈里森度身定制的怀表。在电子时代，航海已经用不着哈里森们的天才设计了，想拥有一只类似的古董航海钟，那种置于常平架上装在木盒里，黄铜上包裹着一层历史包浆的天之骄子，你得付出上万甚至数万元人民币，值不值，你自己才能定。

常平架上的航海精密时计

布拉格著名的教堂天文钟

故宫铜镀金滚球压力钟

大气中波动的脉搏

托里拆利的超越

今天我们用一台小小的 GPS 就能解决诸多的定位测量问题。现在信息时代的年轻人可能难以体会，要是早上个二十年，野外导航这件事就麻烦多了。20 世纪初，一个野外旅行者要带上至少六件仪器，才能勉强达到一个 GPS 的功能：计步器定里程和速度，六分仪定纬度，航海钟定经度，海拔表定高度，地质罗盘定方位角，日晷定日出日落时间。还不能随时随地使用，别说多麻烦。而且那多沉呀，哪抵得上一个轻飘飘的塑胶壳 GPS。

不过，作为理性主义的信徒，兼有怀旧的复古主义想法，他的旅行更多的不是探险考察，而是一种欧洲式的漫步带点东方式的放浪形骸，这时候带上 GPS 就过于现代化了，与情境不太和谐。好比那些乘帆船和热气球环游世界的，图的就是个古典味。

比如说测量海拔高度，也能粗略地预报天气的空盒气压表，我看它不仅是一件仪表而已，在它身上我看到了科学的发明与对前贤的超越。所以我宁愿放着先进的 GPS 不用，也要佩上它登山。

尽管一般认为伽利略的朋友和学生托里拆利（Evangelista Torricelli）在 1643 年发明了气压计，但历史文件还是暗示意大利数学家和天文学家 Gasparo Berti 在 1640 年至 1643 年间无意间制造出一个水气压计。法国大科学家和哲学家笛卡尔 1631 年曾描述了大气压的设计实验，但无证据显示他那时做出了气压计。

托里拆利气压实验

1630 年 7 月 27 日，乔万尼·巴蒂斯塔·巴利安尼给伽利略写信说他用虹吸管做了一个实验，但虹吸内的水未能越过 21 米高的山包。伽利略回答说，真空吸力将水吸到一定高度后，水因为太重超过真空吸力所以就上不去了，就像一条绳子只能支撑一定重物一样。

Raffaele Magiotti 和 Gasparo Berti 于 1638 年在罗马听到伽利略的解释后，激动不已，决定寻找一个较好的法子用虹吸产生真空。1639 年与 1641 年间，他们与另两位朋友一起做了一个试验。他们用一根两头堵住充满水的长管立在一个盛满水的盆中，然后打开长管底部的口，管中的水立即流向盆中，但是，却只有部分水流出，管中水平面维持在一个 10.3 米的高度。这正是巴利安尼和伽利略曾观察到的虹吸极限。这试验中最重要事实在于降低的水位留给长管一段水柱面上的空间，这空间没有任何媒介与空气相接触。这意味着水上空间是一段真空。

按说，这是对亚理士多德以来认为真空不存在的真理的挑战的一个证明，本来是很有物理学与哲学上意义的。但是，托里拆利则大胆地从另一个角度着眼，他 1644 年写给友人的信中说到了这个实验："许多人不承认真空存在，另一些人虽承认存在真空却仍认为自然厌恶真空使真空很难形成。但我不这样认为，我说如果真有一种阻力存在就像我们做的试验阻止了水继续提升那样，把它归于真空是愚蠢的，我发现那是大气的重量。"这又在另一方面对亚理士多德理论发起了挑战。

亚理士多德以来传统的思想认为空气在侧向没有重量，因为我们身体上并没有感觉到空气的压力。纵使伽利略已经接受了这种幼稚的真理，但托里拆利对此假设提出质询，并代之以空气有重量的设想，正是这个重量而不是真空的吸力保持住或者毋宁说是推挤了水柱。他想，水柱面维持在10.3米高，反映了一定的空气重力推动了盆中的水才限制了管中水位高度。换句话说，他把气压计作为一种水面平衡的测量仪器，而不是相反地那样作为产生真空的装置。正因为他第一个这样换位思考问题，传统上他才被认为是气压计的真正发明人。

由于托里拆利的长舌的意大利邻居的谣传，说他在从事巫术魔法，他为了躲避宗教当局逮捕的风险不得不保守实验的秘密。他认识到为了更方便地试验，需要用一种比水重的液体，根据他早先的联想和伽利略的建议，他决定用水银，这是一种比水重十四倍的液体。这样，原来实验中盛水的管子盛上水银后升到的平衡位置就再不是10.3米了，仅仅80厘米就够了。因此管子长度可以大大削减，这才真正能做成实用的水银气压计。标准大气压即海平面大气压是760毫米汞柱，记为一托，正是为了纪念托里拆利。

水银气压表

帕斯卡、歌德和维蒂

托里拆利在 1644 年末曾向一位友人展示过他的秘密的实验，而前面多次提及的法国大科学家、数学家帕斯卡又从那位友人那里听说了这事。到 1646 年，帕斯卡与 Pierre Petit 合作又重复做这个实验并更精确化了。他要进一步地检验亚理士多德追随者的一个命题，即认为气压计管中没有真空，是液体的蒸汽充满了气压计的空间推动了液面的升降。他用水与葡萄酒比较，既然当时人都认为酒比水更纯粹，酒就会产生更多的蒸汽，更多地向下推动气压计中的液体柱，所以亚理士多德的传人期望看到酒会在管中产生更低的平衡面。帕斯卡公开演示了这个实验，但是酒并没比水更多地推低管中的液柱平面。

进一步的试验，使帕斯卡认识到空气有重量，且随着海拔增高而减小。因此，他写信要他住在死火山穹脚下的一个内弟 Florin Perier，请他做一个决定性的实验。他要内弟带一个气压计登上这个死火山穹，沿途测量不同高度的水银柱面，比较山脚与山顶的测量值看是否越高则值越小。这是 1648 年 9 月的一天，Florin Perier 仔细地完成实验后发现帕斯卡的预言是真的，水银气压计越在高处测量，值越小。至今我们在天气预报中仍能不时听到"百帕""千帕"的气压单位，那就是帕斯卡的名字。

但把气压计用于气象预测，那是 19 世纪法国工程师吕西安·维蒂（Lucien Vidie）的功劳。他假设大气压降低，可以预示暴风雨天气，这就为天气预报提供了理论基础。那时还出现了这种预报的设备，叫"风暴玻璃管（storm glass）"，又名"歌德气压计"（Goethe barometer），这名源于德国大文豪歌德，他根据托里拆利的原理发明了一种简单而实用的天气球气压计。欧洲文艺复兴时代和启蒙主义时代，很多百科全书式的人物出现，人们对艺术、文学、政治、商业、法律、医学、数学和自然科学都可能有着多方面的爱好与探求，这种风气延续到后来，就成为贵族式的业余研究风气。歌德就是这样的人，他同时很热心于自然科学，他在植物形态学和光学理论上都有著作。他还是当时全欧洲最大的矿物收藏者，有 17800 个矿石标本。

歌德气压计或者叫天气球是一个密封的玻璃容器，一半盛有水。在容器下部接一个狭长的嘴，像茶壶一样。壶嘴开口与大气相通。当外部气压比容器内气压低时，在嘴里的水平面就会升起高于容器里的水位；若外部气压较高时，则嘴内水平面就会降落并低于容器内的水位。现在我们能在商店里或网上见到待价而沽的天气球，可是货主却似乎并不知道那是歌德的创造，文学爱好者们可以弄一个放在书桌上，说不定会有灵感。

吕西安·维蒂还发挥他作为工程师的动手能力，发明了无液气压表（aneroid barometer）也叫空盒气压表，用易弯曲的铍铜合金盒做成膜盒压力传感器，通常是由一些小盒组成，里面排空空气。为了防止过度排空造成塌陷，还用强力弹簧支撑。外部气压的微小变化都会引起传感盒的膨胀或压缩，这种胀缩驱动机械杠杆使微小的运动被放大，并由指针显示在气压计表面刻度盘上。用于气象预测与用于登山测高度的无液气压表分别叫晴雨表和海拔表，刻度范围有所不同。

温度变化引起水银密度变化，所以水银气压计的刻度都是经过调节的补偿值，而且上面也都通常

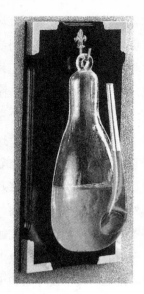

歌德天气球

装上水银温度计。空盒气压计则会在机械联动装置上用上双金属材料，不同的材料有不同的胀缩系数，可以抵消温度对金属物长度的影响，这是哈里森在他的精密航海钟上的发明。

气压表仍在用的另一个单位毫巴，那是由英国气象学家肖勋爵（Sir William Napier Shaw）设立。一个海平面大气压强大致是 1013 毫巴，与 760 毫米汞柱或 29.9 英寸汞柱等量。

对气压表和温度表这些近代科学仪器的引荐，在清末曾标志着社会的开放，尤其是知识界对西方异质文明的向往。在上海江南制造局翻译馆供职的英国传教士傅兰雅，厥功尤伟。他是中国近代翻译西方原著最多的人，而且涉及自然科学各方面，如《行军测绘》就介绍平面测量中的罗盘仪、平板仪、经纬仪的用法；在《测候器图》中又介绍各种气象仪器；而在与华蘅芳合译的《气学丛谈》中则系统介绍了西方关于大气压力理论，讲到了伽利略、托里拆利和帕斯卡的实验，对 20 种风雨表（气压表）和寒暑表（气温表）都逐条讲解，特别重点介绍了用气压表测高的方法。这书其实是直接译自《大英百科全书》第八版"气压表"一章，但在今天想看到这样的书已经很难了。

基于对气压计的近乎哲学意义上的认识，我收集了不同的老式气压表，包括古董级的，让它们充斥着我的书桌、书柜与收藏柜，还挂在墙上，感受大气的脉搏、大自然的度量衡。

英国大海拔表

附: 轮式晴雨表

有一种西方家庭装饰物或古董级的晴雨表,由一个长长的钟摆形或琵琶式的木盒构成,上面的长条部分总是镶嵌着一个液体温度计,而下面的圆形主体则是一个无液气压表的样式,有的还在下部延伸出的部分镶嵌着发丝湿度表。但是除开仿品不谈,这里的气压表部分却并非无液空盒式的,而是水银式的。长长的 U 形水银槽隐藏于长条盒部分,但是水银柱的升降会带动一个吊在滑轮上的重物,而滑轮另一端的权重砝码则在导管里与水银带动的重物相反升降。滑轮同时带动其上的指针指示外面的刻度盘。这种晴雨表叫轮式晴雨表(wheel barometer),是大科学家罗伯特·胡克在 1665 年发明的。

附录1：图片说明

（83 幅）

哥白尼宇宙

1871 年威尔逊画作中的探险家斯皮克像

英国剑桥惠普尔科学史博物馆大厅

法国 SECRETAN 仪器公司老货品目录

故宫套装绘图仪器

故宫铜镀金写字人钟局部

计算工具

纳白尔算筹排列演算

伽利略军事比例规

标准计算尺刻度

Fowler 圆形计算尺

Otis King 圆柱计算尺

Fuller 和 Thacher 圆柱计算尺

梅文鼎清朝版象牙纳白尔算筹

帕斯卡加法机

老虎计算机

第一台差分机的图纸

数学手榴弹 Curta

作者在卢天贶收藏的托马斯算术机旁

经天纬地之材
柏拉图三角就是一对三角尺
正多面体
六分仪构造及原理
开普勒的立方体宇宙模型
水平测量
垂直测量
雅各布杆
背标尺
象限仪
阿拉伯星盘构造
故宫科隆产日月星晷仪
赤基黄道仪
六分仪
Stanley London 的盒式六分仪仿品
老式经纬仪
Y 形水准仪
10 马克上的高斯分布曲线
10 马克上的改进型高斯日光测地仪
韦塞测高仪
阿比尼水平仪

宇宙模型

哥白尼解释行星逆行原理

欧多克斯解释行星逆行用的 8 字形马镳线

本轮均轮复合轨迹解释行星逆行

开普勒第二行星定律

欧多克斯水晶球宇宙

北京古观象台黄道经纬仪

故宫铜镀金天文地理表局部

紫金山天文台上的清朝折半天球仪

航海星球仪

1570 年奥特略乌斯世界地图

求积仪

计步表

曲线计

三杆分度仪

反射折射的理性之光

伽利略落体原理计算图

迈克尔逊干涉仪原理

四节望远镜

三棱方位镜

经典的迈克尔逊干涉仪

南半球棱镜罗盘

澳门海事博物馆藏经典倾针仪

被中香炉

乔凡尼·白兰卡的平衡环减震车

常平架上航海罗盘

形影相随

故宫汤若望新款地平日晷晷面

格林尼治地方的 Analemma 安娜烈玛线

故宫铜镀金八角赤道公晷仪

武昌花园山天主堂面南日晷

荷尔拜因《两大使》

荷尔拜因《两大使》仪器细节

时间测量

foliot 平衡摆与冕状擒纵器

单摆与锚状擒纵器

两种扭力下的芝麻链塔轮

故宫铜镀金滚球压力钟

捷克布拉格著名的教堂天文钟

Tourbillon 陀飞轮

Fusee 芝麻链

哈里森一号航海钟

哈里森四号航海钟

常平架上的航海精密计时器

大气的脉搏

托里拆利气压实验

水银气压表
歌德天气球
大海拔表

附录2：主要参考书目

（以引用和参考比重为序）

刘潞主编：《清宫西洋仪器》，上海科学技术出版社、香港商务印书馆，1999 年

［美］莫里斯·克莱因：《西方文化中的数学》，张祖贵译，复旦大学出版社，2009 年

Stone, Peter F., *Collecting Tech*, Astragal Press, Lakeville, 2011

［美］列昂纳多·姆洛迪诺夫：《几何学的故事》，沈以淡、王季华、沈佳译，海南出版社，2004 年

［美］托马斯·库恩：《哥白尼革命》，吴国盛、张东林、李立译，北京大学出版社，2003 年

刘景华、张功耀：《欧洲文艺复兴史·科学技术卷》，人民出版社，2008 年

潘鼐主编：《中国古代天文仪器史》，山西教育出版社，2005 年

张柏春：《明清测天仪器之欧化》，辽宁教育出版社，2000 年

［法］亚历山大·柯瓦雷：《伽利略研究》，刘胜利译，北京大学出版社，2008 年

［法］亚历山大·柯瓦雷:《牛顿研究》,张卜天译,北京大学出版社,2003 年

柏拉图:《蒂迈欧篇》,谢文郁译注,上海人民出版社,2003 年

王德昌、张建卫:《时间雕塑——日晷》,安徽科学技术出版社,2006 年

利玛窦、金尼阁:《利玛窦中国札记》,何高济、王遵仲、李申译,中华书局,1983 年

［美］塞耶:《牛顿自然哲学著作选》,王福山等译校,上海译文出版社,2001 年

Turner, Gerard L'Estrange, *Nineteenth-Century Scientific Instruments*, University of California Press, 1983

Cortada, James W., *Before the Computer*, Princeton University Press, 1993

［美］F. 卡约黎:《初等算学史》,曹丹文译,商务印书馆,1933 年

［英］利平科特、贡布里希、(意)艾柯:《时间的故事》,刘研、袁野译,中央编译出版社,2010 年

Hawkes, Nigel, *Early scientific instruments*, Abbeville Press, 1981

张饴慈、焦宝聪、都长清、王汇淳编著:《大学文科数学》,科学出版社,2001 年

［英］杰弗里·科尼利厄斯:《满天星斗》,马

永波译，中央编译出版社，1997 年

欧几里得：《几何原本》，燕晓东译，江苏人民出版社，2011 年

黄时鉴、龚缨晏：《利玛窦世界地图研究》，上海古籍出版社，2004 年

［美］达娃·索贝尔：《经度》，汤江波译，海南出版社，2000 年

［英］大卫·汤普森：《大英博物馆珍藏鉴赏·钟》，传神翻译公司译，上海科学技术出版社，2011 年

刘青峰：《让科学的光芒照亮自己——近代科学为什么没有在中国产生》，新星出版社，2006 年

林天熹、周沂、曹文浩、华坤寿、杨锡瑶编译：《航海问答手册》，东华书社，1952 年

Schuitema, Ir. Ijzebrand, *Calculating on Slide Rule and Disc*, Astragal Press, Mendham, 2011

卢鑫之编：《普通测量术》，上海中华书局，1940 年

钱立豪：《计算尺的使用与原理》，上海人民出版社，1976 年

江晓原、吴燕：《紫金山天文台史》，河北大学出版社，2004 年

陈思璁：《司南漫谈》，重庆出版社，2008 年

宋广波：《丁文江图传》，湖北人民出版社，2007 年

［美］达娃·索贝尔：《伽利略的女儿》，谢延光译，上海人民出版社，2005 年

邹振环：《晚清西方地理学在中国》，上海古籍出版社，2000 年

［德］柯兰霓：《耶稣会士白晋的生平与著作》，李岩译，大象出版社，2009 年

［英］马戛尔尼：《1793 乾隆英使觐见记》，刘半农译，天津人民出版社，2006 年

熊三拔、徐光启：《简平仪说》，上海古籍出版社，2011 年

［日］畑村洋太郎：《我的第一本数学书》，刘一梅译，南海出版公司，2007 年

［英］克利斯朵夫·赫伯特：《美第奇家族兴亡史》，吴科平译，上海三联书店，2010 年

［美］乔治·萨顿：《文艺复兴时期的科学观》，郑诚、郑方磊、袁媛译，上海交通大学出版社，2007 年

［荷］斯宾诺莎：《伦理学》，李健编译，陕西人民出版社，2007 年